全国注册城乡规划师职业资格考试考前冲刺丛书

4

城乡规划实务
考点速记与真题详解

白莹　魏鹏　主编

中国建筑工业出版社

图书在版编目（CIP）数据

城乡规划实务考点速记与真题详解/白莹，魏鹏主编．—北京：中国建筑工业出版社，2019.7
（全国注册城乡规划师职业资格考试考前冲刺丛书；4）
ISBN 978-7-112-24001-2

Ⅰ.①城… Ⅱ.①白… ②魏… Ⅲ.①城市规划-中国-资格考试-自学参考资料 Ⅳ.①TU984.2

中国版本图书馆CIP数据核字(2019)第151631号

责任编辑：刘　丹　陆新之
责任校对：李欣慰

全国注册城乡规划师职业资格考试考前冲刺丛书
4　城乡规划实务考点速记与真题详解
白莹　魏鹏　主编
*
中国建筑工业出版社出版、发行(北京海淀三里河路9号)
各地新华书店、建筑书店经销
北京红光制版公司制版
北京建筑工业印刷厂印刷
*
开本：787×1092毫米　1/16　印张：9　字数：214千字
2019年8月第一版　2019年8月第一次印刷
定价：**42.00**元
ISBN 978-7-112-24001-2
(34296)

《全国注册城乡规划师职业资格考试考前冲刺丛书》编委会

前　　言

关于注册城乡规划师考试的复习重点，有下列几项要着重说明：

1. 架构：学习一门专业，首先要了解的是其整体的知识架构。注册城乡规划师的大纲 2014 年以来一直未变化过，考试题目也是紧紧围绕着大纲出的，从教材的目录系统（也是本丛书的目录系统）就可以看出注册城乡规划师考试包含的内容主体。

教材目录系统　　　　**表 1**

原理	相关知识	管理与法规	实务
城市与城市发展	建筑学	行政法学基础	城乡规划的制定与修改
城市规划的发展及主要理论与实践	城市道路交通工程	城乡规划法制建设概述	城乡规划的实施管理
城乡规划体系	城市市政公用设施	城乡规划法	城乡规划的监督检查与法律责任
城镇体系规划	信息技术在城乡规划中的应用	《城乡规划法》配套行政法规与规章	
城市总体规划	城市经济学	城乡规划技术标准与规范	
城市近期建设规划	城市地理学	城乡规划相关法律、法规	
城市详细规划	城市社会学	城乡规划方针政策	
镇、乡和村庄规划	城市生态与城市环境	公共行政学基础	
其他主要规划类型		城乡规划编制管理与审批管理	
城市规划实施		城乡规划实施管理	
		文化和自然遗产规划管理	
		城乡规划的监督检查	

从表 1 中可以发现，各科中存在部分重合的内容，如城市规划的实施，在原理、法规及实务中均有提及。在对这些重合内容进行整合的过程中，依据从基础理论到实际操作的层次进行分层排列，可以发现一个更清晰的架构，整体的架构分为 3 层：基础及相关理论、法律法规体系及工作体系，工作体系又分为编制体系和实施体系，读者在复习的过程中要重点围绕此架构对相关内容进行复习，可以提高效率，加深理解。

注册城乡规划师考试的知识架构　　　　**表 2**

层次	原理	相关	管理与法规	实务
基础及相关理论	城市与城市发展 城市规划的发展及主要理论与实践 城乡规划体系	建筑学 城市道路交通工程 城市市政公用设施 信息技术在城乡规划中的应用 城市经济学 城市地理学 城市社会学 城市生态与城市环境	行政法学基础 公共行政学基础	

续表

层次		原理	相关	管理与法规	实务
工作体系	编制体系	城镇体系规划 城市近期建设规划 城市详细规划 镇、乡和村庄规划 其他主要规划类型 城市总体规划			
	实施体系	城乡规划实施		城乡规划编制管理与审批管理 城乡规划实施管理 文化和自然遗产规划管理 城乡规划的监督检查	城乡规划的制定与修改 城乡规划的实施管理 城乡规划的监督检查与法律责任
法律法规体系				城乡规划法制建设概述 城乡规划法 配套行政法规与规章 城乡规划技术标准与规范 城乡规划相关法律、法规 城乡规划方针政策	

2. 核心：注册城乡规划师考试的核心内容是《中华人民共和国城乡规划法》，共70条，在上述的整体架构中，城乡规划法是其中的重中之重，它占据了考试复习内容的半壁江山，可以说透彻理解并运用《城乡规划法》是通过注规考试的捷径。

3. 真题：对于任何考试真题都是极为重要的，可以说知识架构是对考点的罗列，考点的形式及重要性是在考题中具体呈现的，因而本书收集了2008～2018年（共9年）的真题，在对考点进行表格化处理的同时，将相关真题列在其后，使读者可以根据真题出现的频率了解其重要性，并可以即看即做，巩固所学考点，做到即时反馈、步步为营。

4. 互动：为了能与读者形成良好的即时互动，本丛书建立了一个QQ群，用于解答读者在看书的过程中产生的问题，并收集读者发现的问题，用以对本丛书进行迭代优化，欢迎大家加群，在讨论中发现问题、解决问题并相互促进！

规划冲刺丛书答疑群

群号：648363244

目　录

第一章　概　　述

第一节　科目简介

城市规划实务的考试大纲要求如下："城市规划实务是指城市规划师所从事的实际业务工作，包括规划制定、实施管理、监督检查三大方面。《城市规划实务》科目考试的目的是：考核应试人员综合运用城市规划原理、城市规划相关知识、城市规划管理与法规的能力，理解、把握技术标准规范和国家政策的能力，以及在实际工作中综合分析与协调的能力。"具体内容要求见表 1-1-1：

城市规划实务考试大纲的内容要求　　**表 1-1-1**

内容	要点	说　明
城乡规划的制定与修改	城乡规划的组织	熟悉城乡规划编制的组织要求 熟悉城乡规划编制内容和原则要求
	城乡规划方案的评析	掌握城镇体系规划与城市镇发展布局方案的评析 掌握城市镇总体规划方案的评析 掌握乡、村庄规划方案的评析 掌握城市、镇控制性详细规划方案的评析 掌握修建性详细规划方案的评析 掌握建设项目用地规划选址方案的评析 掌握建设项目总平面图的评析 掌握城市、镇近期建设规划方案的评析 熟悉道路交通等专项规划方案的评析 熟悉其他类型规划方案的评析
	城乡规划的审批	掌握城乡规划审批的程序要求
	城乡规划的修改	熟悉城乡规划修改的条件和程序

续表

内容	要点	说　明
城乡规划的实施管理	规划条件的拟定	掌握建设项目规划条件的基本内容和要求
	规划行政许可证件的核发	掌握建设项目选址意见书核发程序和要求 掌握城市（镇）建设用地规划许可证核发程序和要求 掌握城市（镇）建设工程规划许可证核发程序和要求 熟悉乡村建设规划许可证的核发程序和要求
	规划行政许可的变更和延续	掌握规划条件变更的程序和要求 掌握建设项目规划与建筑设计方案变更的程序和要求 熟悉规划行政许可延续的程序和要求
	掌握规划条件核实	—
城乡规划的监督检查与法律责任	监督检查	掌握城乡规划的监督检查的相关工作内容
	违法用地和建设的查处	掌握违法用地的界定及查处程序 掌握违法建设的界定及查处程序
	法律责任	掌握城乡规划法律责任的相关内容

从考试大纲中可以看出城市规划实务的考试内容要求相当全面，复习范围很大。其实从另一个维度看，即历年真题的题型分布，可以寻找到更多的复习线索并缩小复习范围，确定复习重点。

城市规划实务考试共7道试题，其中涉及城市规划编制部分的内容4题（体系规划、总体规划、详细规划、乡村规划、选址），占57%；涉及城市规划管理部分的内容为2题，占28%；其他1题是违法建设检查工作的内容，占15%，分值一般为除1道题目为10分外，其他6题为15分。

城市规划实务历年真题题型分布 表 1-1-2

题型分类	2008	2009	2010	2011	2012	2013	2014	2017	2018
城乡规划的组织、编制、审批和修改					05				
城镇体系规划方案评析	01	01		01		01	01		01
城镇总体规划方案评析		02	01 02 04	02	01 02	02	02	01 02	02
控制性详细规划方案评析									
修建性详细规划方案评析	03	03	03 05	03	03	03	03	03	03
建设项目选址及道路交通等专项规划方案评析	02	06		04 06	04 06	04 05 06	04 06	04 06	04 06
历史街区保护规划								05	05
规划条件的拟定、核实与变更	04 05 06		06	05			05		
违法用地、违法建设的界定与查处	07	05 07	07	07	07	07	07	07	07

由表 1-1-2 可知，考题题型主要分布在城镇体系规划方案评析、城镇总体规划方案评析、修建性详细规划方案评析、建设项目选址及道路交通等专项规划方案评析、规划条件的拟定核实与变更、违法用地（建设）的界定与查处这五种题型是历年考试的重点，占据了大部分的分值，本书也将以此类题型为重点进行展开。

城乡规划实务科目的试题全部是简答题，考试时间为 3 个小时，阅卷方式为计算机扫描，人工阅卷。在评卷过程中，为保证对每位考生答卷评阅的公正，每道答题都须经过两位至三位评分人员评阅打分，以避免偏差，历年城市规划实务的及格率一般在 10%左右。

第二节　复习策略

1. 把握真题，以题带点

对于任何考试，真题都是相当重要的，它可以圈定复习的范围与深度，加强学习的针对性，可以说复习真题是通过考试的最佳途径。本书收集了 2008 年以来的真题，并结合官方教材上的实例，更为精准地把握题型特点，提炼相关要点，以提高考生的复习效率。

2. 科目融合，综合提升

由于本科目考核的是综合运用城市规划原理、城市规划相关知识、城市规划管理与法规的能力，可以说是规划实务为其他三科提供了应用场景，对加深所学原理、相关知识及法规的理解，巩固相关记忆非常有益，因而考生可以在第一轮复习过后，在第二轮复习时以实务科目为核心进行知识整合，巩固所学知识体系，以达到融会贯通的学习效果。

第二章　城乡规划的组织、编制、审批和修改

第一节　要点概述

城乡规划体系　　表 2-1-1

条款编号	内　容
第二条	本法所称城乡规划，包括城镇体系规划、城市规划、镇规划、乡规划和村庄规划。城市规划、镇规划分为总体规划和详细规划。详细规划分为控制性详细规划和修建性详细规划。

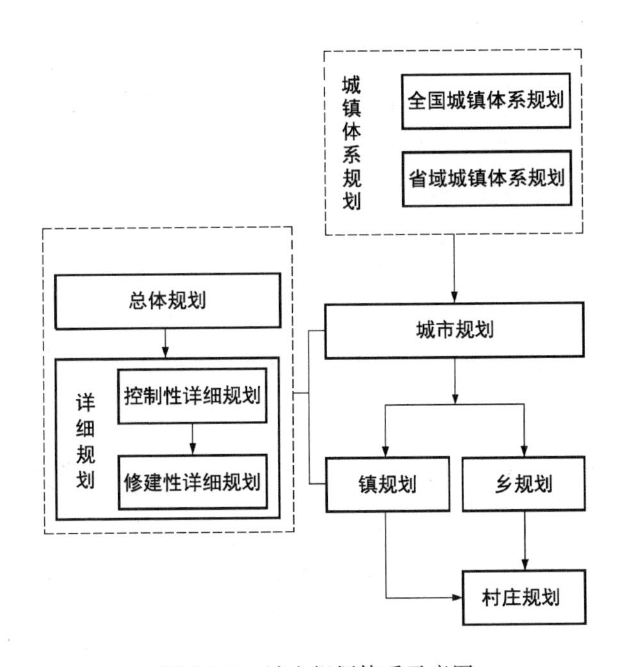

图 2-1-1　城乡规划体系示意图

城市总体的组织编制和审批程序 **表 2-1-2**

条款编号	内　容
第十四条	城市人民政府组织编制城市总体规划。直辖市的城市总体规划由直辖市人民政府报国务院审批。省、自治区人民政府所在地的城市以及国务院确定的城市的总体规划，由省、自治区人民政府审查同意后，报国务院审批。其他城市的总体规划，由城市人民政府报省、自治区人民政府审批。
第十五条	县人民政府组织编制县人民政府所在地镇的总体规划，报上一级人民政府审批。其他镇的总体规划由镇人民政府组织编制，报上一级人民政府审批。
第十六条	省、自治区人民政府组织编制的省域城镇体系规划，城市、县人民政府组织编制的总体规划，在报上一级人民政府审批前，应当先经本级人民代表大会常务委员会审议，常务委员会组成人员的审议意见交由本级人民政府研究处理。镇人民政府组织编制的镇总体规划，在报上一级人民政府审批前，应当先经镇人民代表大会审议，代表的审议意见交由本级人民政府研究处理。规划的组织编制机关报送审批省域城镇体系规划、城市总体规划或者镇总体规划，应当将本级人民代表大会常务委员会组成人员或者镇人民代表大会代表的审议意见和根据审议意见修改规划的情况一并报送。
第二十六条	城乡规划报送审批前，组织编制机关应当依法将城乡规划草案予以公告，并采取论证会、听证会或者其他方式征求专家和公众的意见。公告的时间不得少于三十日。组织编制机关应当充分考虑专家和公众的意见，并在报送审批的材料中附具意见采纳情况及理由。
第二十七条	省域城镇体系规划、城市总体规划、镇总体规划批准前，审批机关应当组织专家和有关部门进行审查。

注：本表内容摘自《中华人民共和国城乡规划法》。

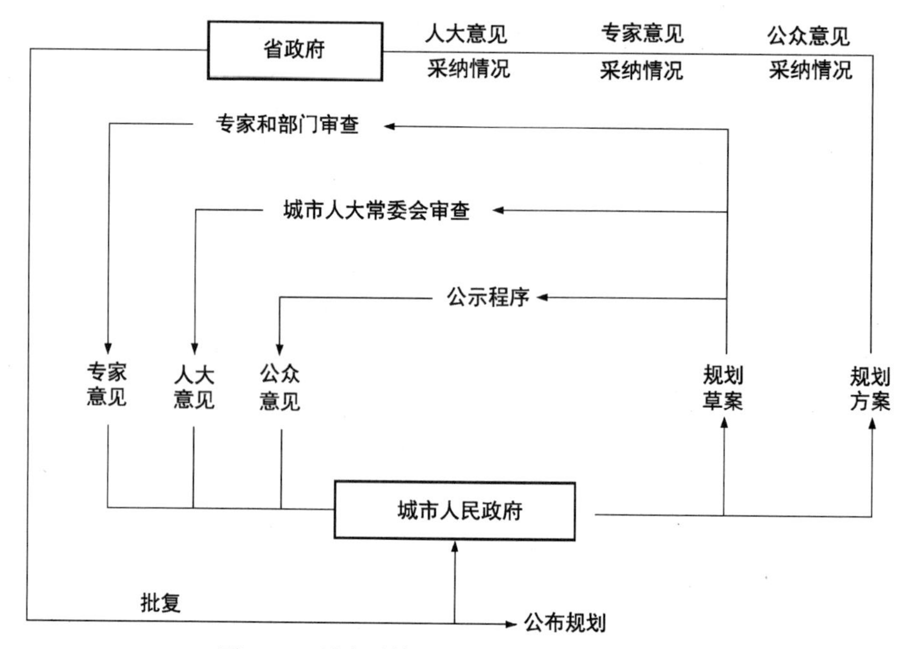

图 2-1-2　城市总体规划编制和审批的一般程序

城市控制性详细的编制和审批程序 **表 2-1-3**

条款编号	内　容
第十九条	城市人民政府城乡规划主管部门根据城市总体规划的要求，组织编制城市的控制性详细规划，经本级人民政府批准后，报本级人民代表大会常务委员会和上一级人民政府备案。
第二十条	镇人民政府根据镇总体规划的要求，组织编制镇的控制性详细规划，报上一级人民政府审批。县人民政府所在地镇的控制性详细规划，由县人民政府城乡规划主管部门根据镇总体规划的要求组织编制，经县人民政府批准后，报本级人民代表大会常务委员会和上一级人民政府备案。

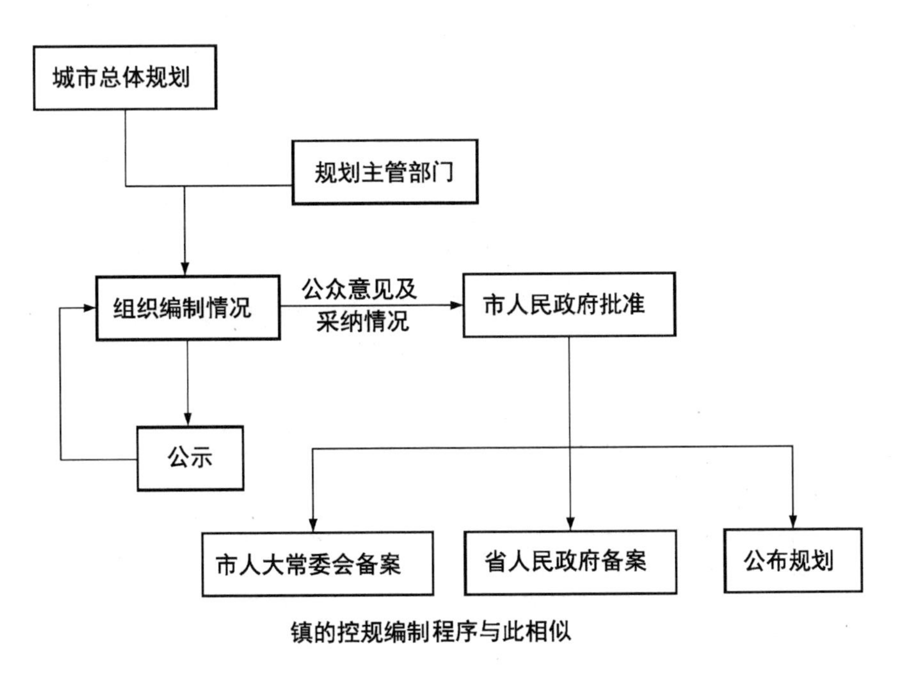

图 2-1-3　城市控制性详细的编制和审批的一般程序

城市总体规划修改程序　　表 2-1-4

条款编号	内　　容
第四十七条	有下列情形之一的，组织编制机关方可按照规定的权限和程序修改省域城镇体系规划、城市总体规划、镇总体规划： （一）上级人民政府制定的城乡规划发生变更，提出修改规划要求的； （二）行政区划调整确需修改规划的； （三）因国务院批准重大建设工程确需修改规划的； （四）经评估确需修改规划的； （五）城乡规划的审批机关认为应当修改规划的其他情形。修改省域城镇体系规划、城市总体规划、镇总体规划前，组织编制机关应当对原规划的实施情况进行总结，并向原审批机关报告；修改涉及城市总体规划、镇总体规划强制性内容的，应当先向原审批机关提出专题报告，经同意后，方可编制修改方案。修改后的省域城镇体系规划、城市总体规划、镇总体规划，应当依照本法第十三条、第十四条、第十五条和第十六条规定的审批程序报批。

注：本表内容摘自《中华人民共和国城乡规划法》。

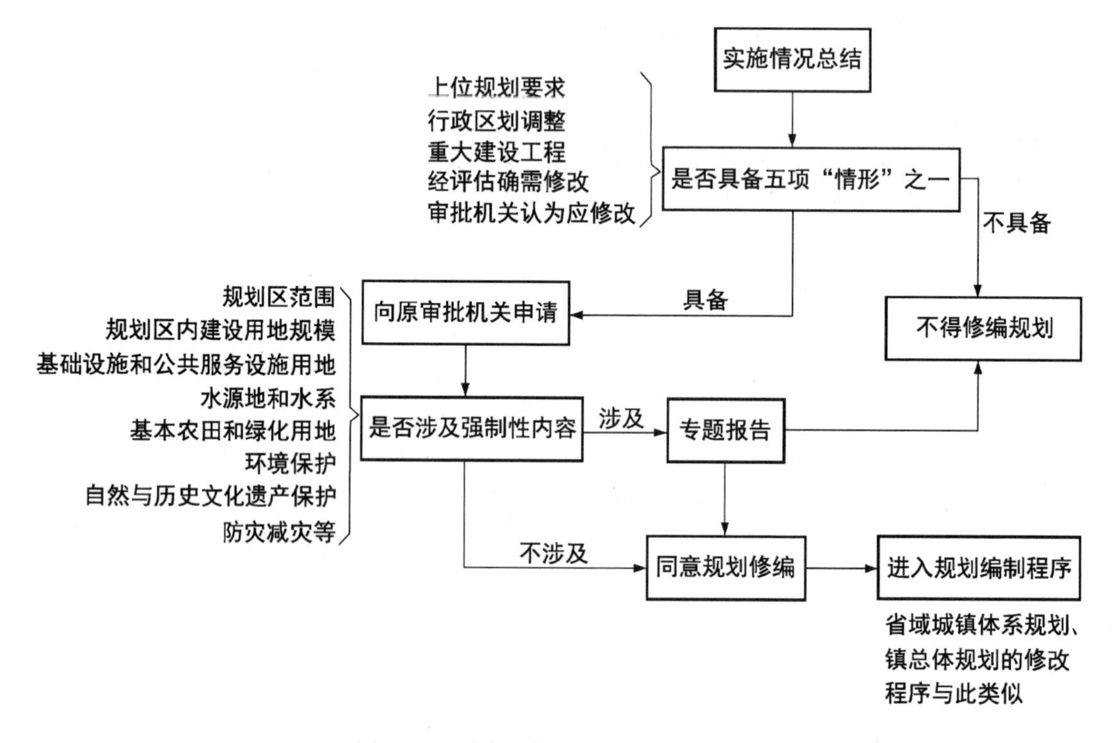

图 2-1-4　城市总体规划修改的一般程序

控制性详细规划的作用及修改的法定程序　　表 2-1-5

内容	说　明
作用	控制性详细规划是城市、镇实施规划管理最直接的法律依据，更是国有土地使用权出让、开发和建设的法定前置条件，直接决定着土地的市场价值，决定着利益相关人的切身利益；任何单位和个人不得擅自修改控制性详细规划的内容
修改程序	① 组织编制机关应当对修改的必要性进行论证，征求规划地段内利害关系人的意见； ② 并向原审批机关提出专题报告； ③ 经原审批机关同意后，方可编制修改方案； ④ 规划方案公告 30 日听取公众意见，论证会听取专家意见； ⑤ 报送规划方案，附意见及意见采纳情况； ⑥ 经本级人民政府批准后，报本级人民代表大会常务委员会和上一级人民政府备案； ⑦ 控制性详细规划修改涉及城市总体规划、镇总体规划强制性内容的，应按法律规定的程序先修改总体规划

注：修改程序详见《中华人民共和国城乡规划法》第四十八条、第二十六条。

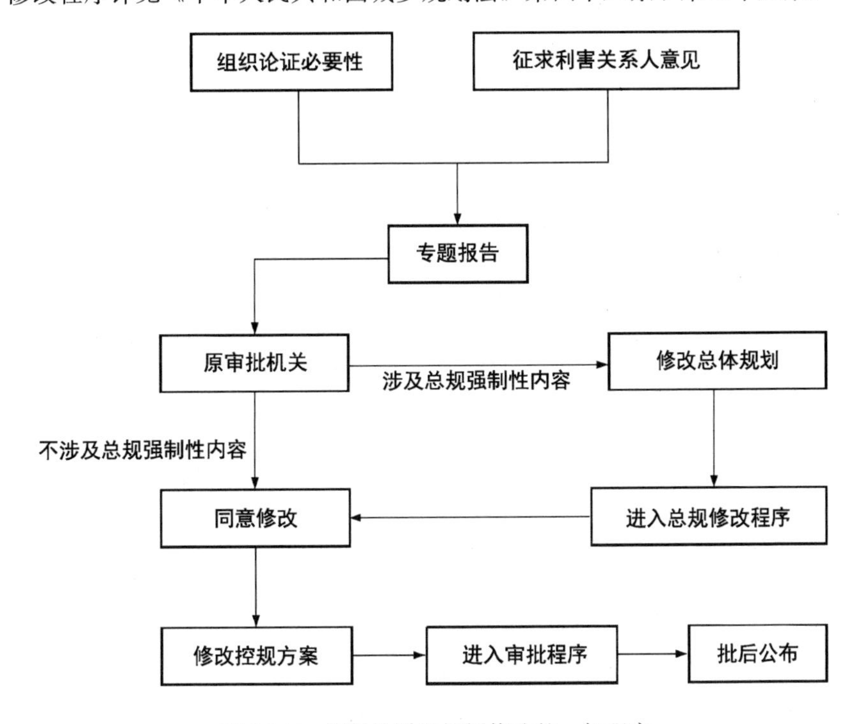

图 2-1-5　控制性详细规划修改的一般程序

第二节　真题解析

2012-05. 试题五（共 15 分）

某市规划局按领导要求，组织有关部门在两周内就某地块的控规修改完成如下工作：由规划院对控规修改的必要性进行论证，规划院将论证情况口头向规划局进行了汇报，经规划局同意后，规划院修改了控规，规划局将修改后的控规报市人民政府批准，并报市人大常委会和上级人民政府备案。

【问题】试问，该地块的控规修改工作主要存在哪些问题?

【答案】

① 组织编制机关（规划局）对修改规划的必要性进行论证，而不是编制单位（规划院）。

② 必要性论证报告应该以书面形式提交，且应组织专家进行审查。

③ 未征求规划地段内利害关系人的意见。

④ 未向原审批机关（市政府）提交专题报告，且未经控规原审批机关同意（规划局同意是错误的），擅自修改。

⑤ 如控规的修改涉及总规强制性内容的修改，应先组织修改总体规划。

⑥ 修改后的控规方案在上报审批前，未依法将城乡规划草案予以公告，并采取论证会、听证会或者其他方式征求专家和公众的意见。

⑦ 公告时间不少于三十日，两周内完成达不到法定程序及法定时间的要求。

【解析】由表 2-1-5 可知控规相应的法定修改程序，按条作答即可。

第三章　城镇体系规划方案评析

此类型题分值多为15分，一般为县城或市城城镇体系规划的评析，要求指出方案的问题。考试重点是产业布局、生态环保、交通、市政等基础设施布局、区城协调发展，相对次要的考点是城镇职能、等级、规划区的划分、人均建设用地的确定、建设控制地带的划定（水源地、名胜、自然保护区、文物遗产区），产业布局与交通布局的匹配等。

第一节　要点概述

城镇体系规划与城市、镇发展布局方案的评析要点　　表3-1-1

要点	说　明
等级结构	城市化水平及各城镇发展规模预测是否科学合理
	城镇等级和职能分工是否符合国家、区域对本区城镇发展的战略要求
空间布局	区域交通网络布局是否合理
	空港、海港、铁路枢纽和重要市政基础设施选址是否恰当
	产业布局是否与之相匹配
资源利用	城镇布局和发展是否与水资源、能源供应等的合理配置有机结合
	是否与历史文化和风景名胜保护、矿产资源的分布与利用相衔接
环境保护	是否构建了良好的区域生态格局
	是否与江河流域治理、海岸带保护、地质和气候灾害防御等进行了充分协调

第二节　教材实例与真题解析

实例 1.

图 3-2-1 为我国东部地区滨江某县城城镇体系规划示意图，规划期至 2020 年。县域面积 450km²，基本为平原地区，经济发展水平较为均衡。规划县域总人口 50 万人，其中城镇人口 30 万人左右。规划期末县城城市人口 10 万人，重点镇 3 万人，一般镇 1 万人左右。带状县域向南北有较强的经济和交通辐射需求。

【问题】对该规划存在的主要问题进行评析。

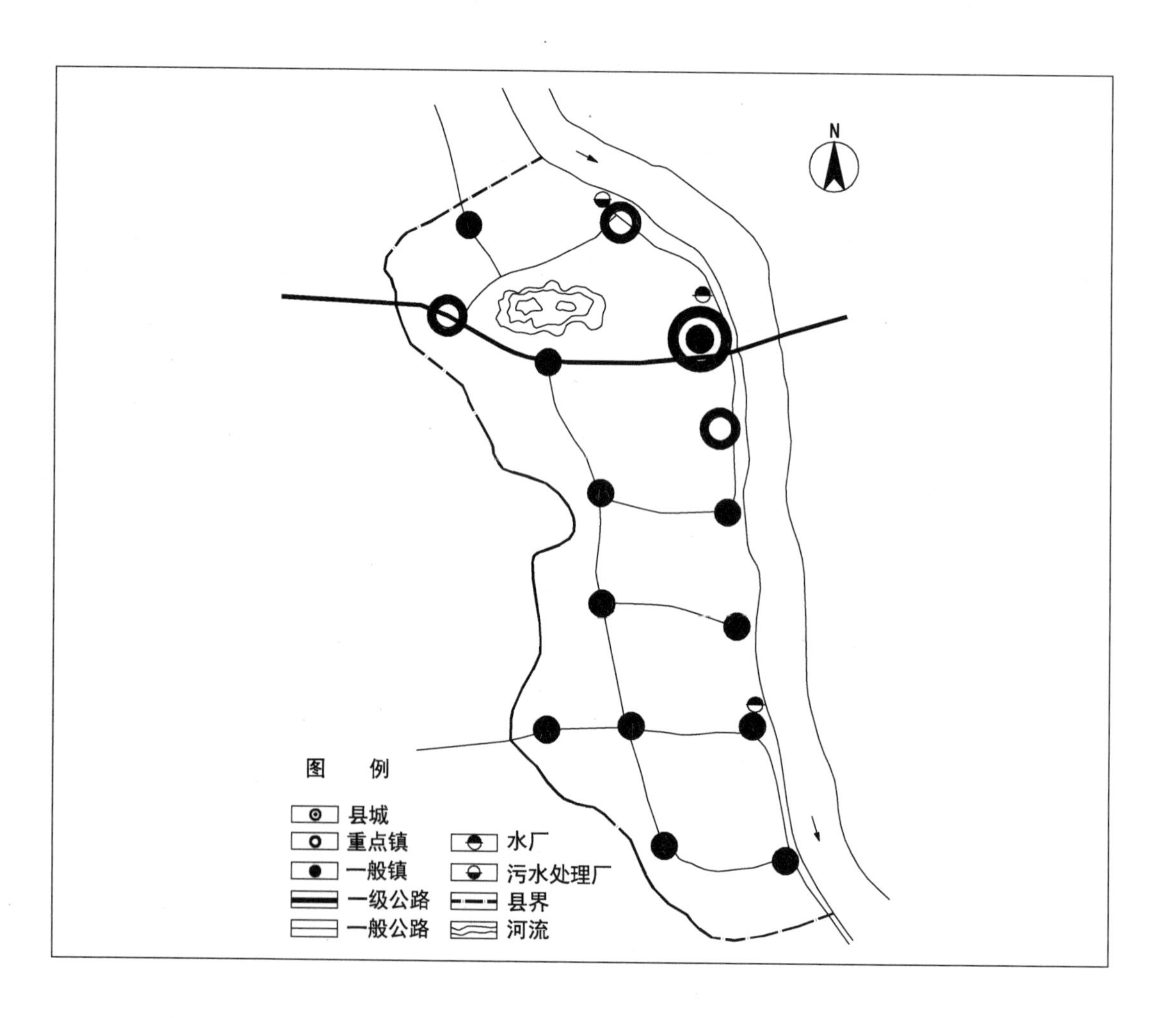

图 3-2-1　某县域城镇体系规划示意图

【答题要点】

1. 等级结构：城镇发展力度不均衡，县域南部地区缺少具有一定经济实力和规模的城镇，难以激发和带动相应地区的经济发展。建议在县域南部增加 1～2 个重点镇，成为城镇体系等级结构中的二级中心。

2. 空间结构：县域为南北狭长的平原地区，城镇体系空间结构应着重强调南北向的城镇发展轴，特别是沿江地段的南北贯通和对外的交通轴线。

3. 交通体系：县域交通系统不完善，东部地区应打通贯穿南北的沿江道路，使城镇之间的交通联系更为便利和顺畅。

4. 基础设施：基础设施应统一协调，不应重复建设，污水处理厂不应建在水厂的上游。

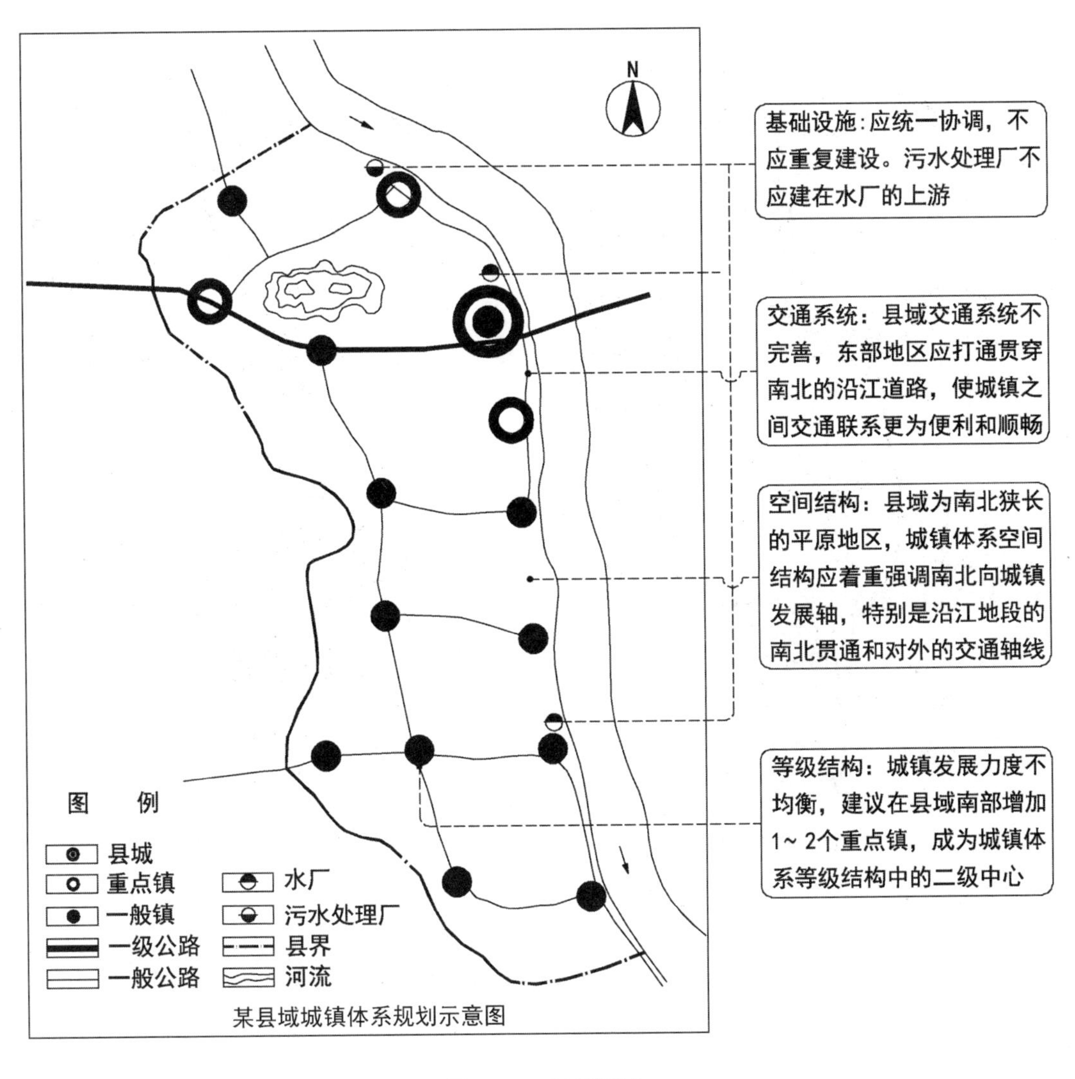

图 3-2-2　解析图示

实例 2.

我国西南地区某地级市，其南部为丘陵，北部为山区，山区经济以农林为主。受地形条件影响，城镇主要集中在南部和中部地带，市域城镇化水平在35%左右。市域内现有大城市 1 个，县城 6 个，其他建制镇 34 个。

规划为求市域内城镇均衡发展，在北部地区新设 3 个镇，市域交通规划基本符合发展要求。

【问题】试结合现状和规划示意图（图 3-2-3），指出在城镇等级、布局和主要交通线路规划中存在的主要问题，并简要说明理由。

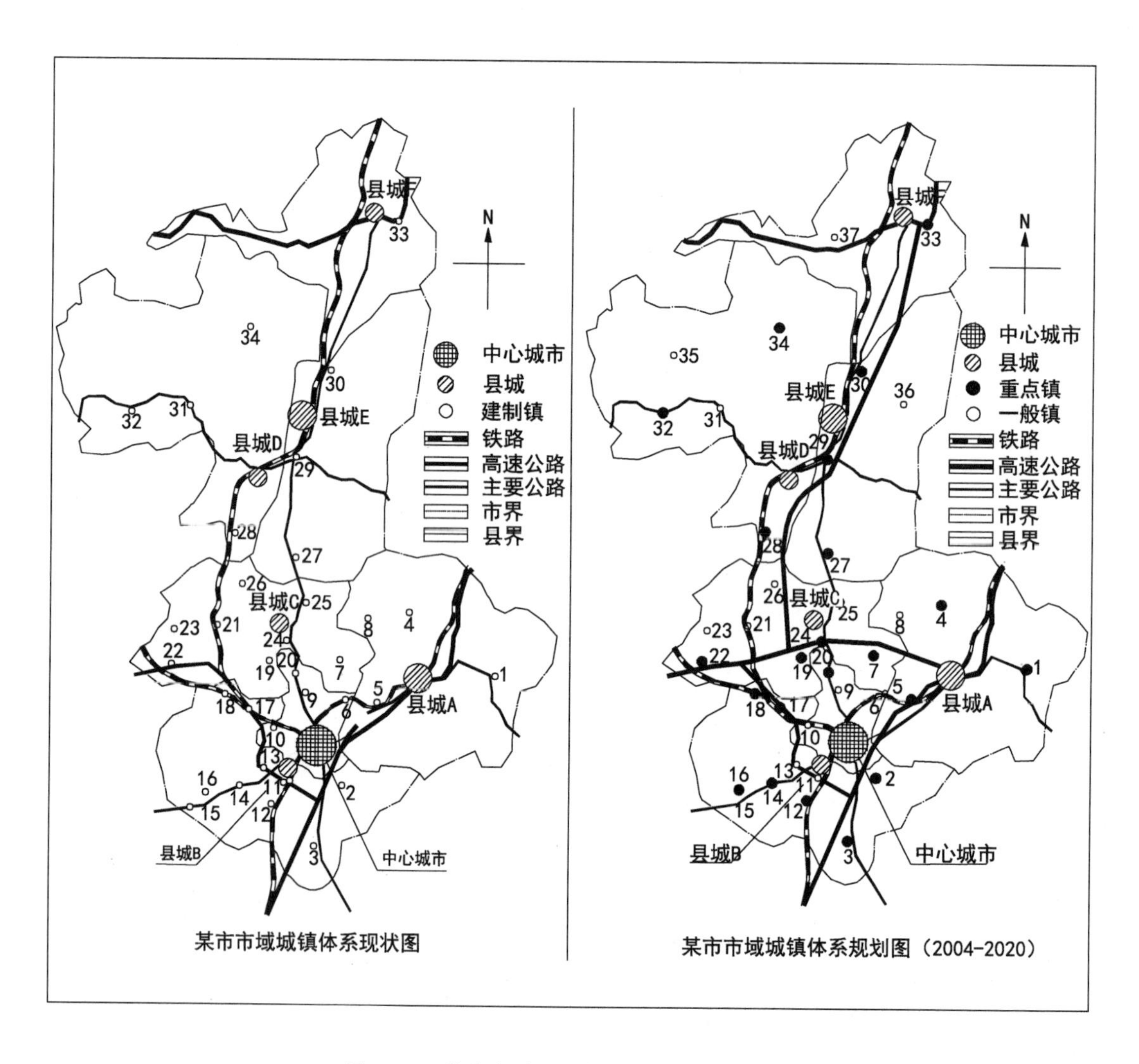

图 3-2-3　某市市域城镇体系现状图及规划图

【答题要点】

1. 等级结构：

① 4 号镇和 34 号镇不靠近主要交通线，规划为重点镇明显脱离实际。

② 现有 34 个镇，为求均衡发展而新增设的 35 号、36 号两个镇不合理。

③ 重点镇过多，发展重点反而不明确。

2. 交通体系：

南北向高速公路与中心城市的联系不方便。

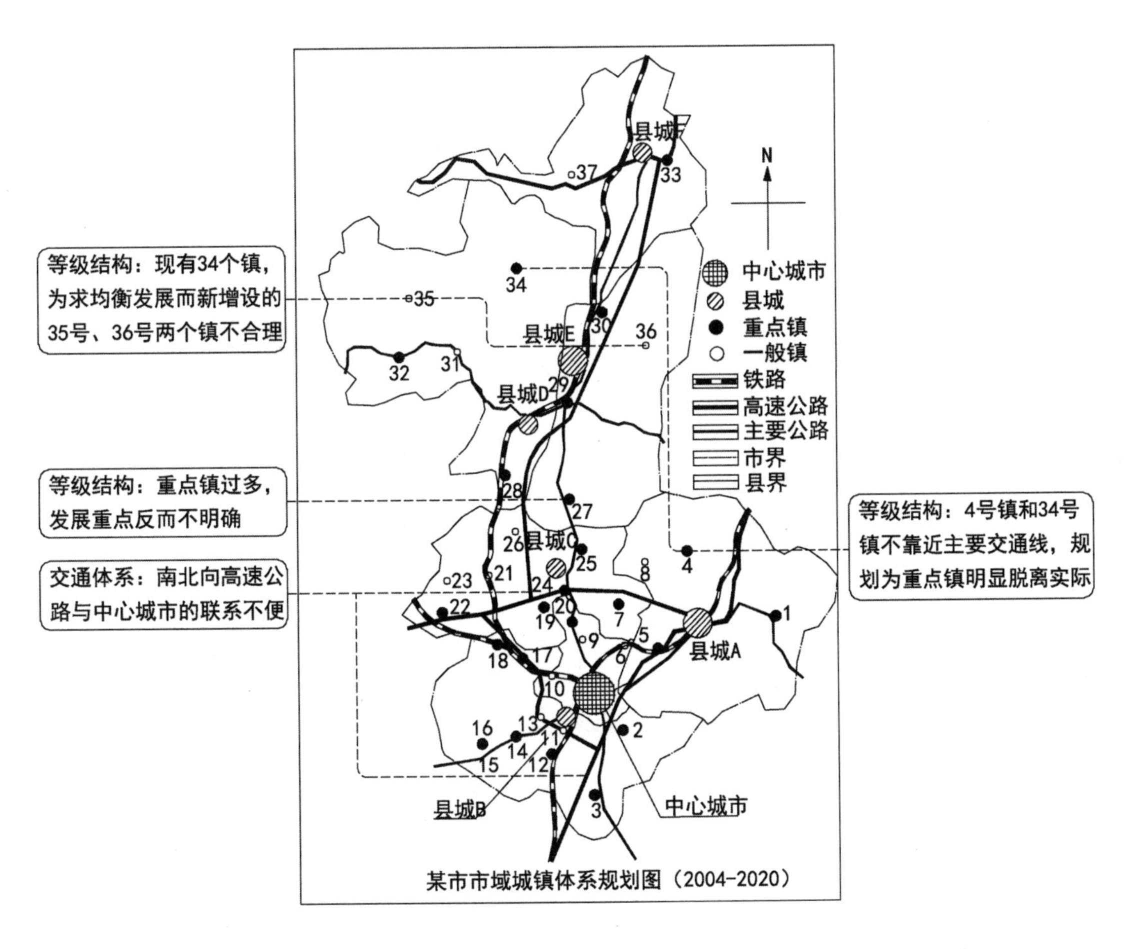

图 3-2-4　解析图示

2008-01. 试题一（15 分）

我国某大城市，市域内北部为丘陵地区，南部为平原地区。市域范围内现状有两个主要城市 Y 和城市 Z，两城市相距约 60km，另外有若干中小城市。城市 Y 为市域的中心城市，规划人口规模为 100 万，城市 Z 为临海的港口城市，规划人口规模为 40 万，其他的中小城市人口规模为 10 万～20 万不等。现状有一条国家级的高速公路南北向穿过市域。为协调市域城镇发展，配合全市的经济社会发展要求，提出了以石化为主的工业区 A、以电子为主的工业区 B、区域性物流园区 C 及 4D 级新机场等的规划布局意见，同时还规划了环形高速公路等内容。

【问题】根据提供的规划示意图（图 3-2-5），指出该规划在项目布局和道路交通方面存在的主要问题。

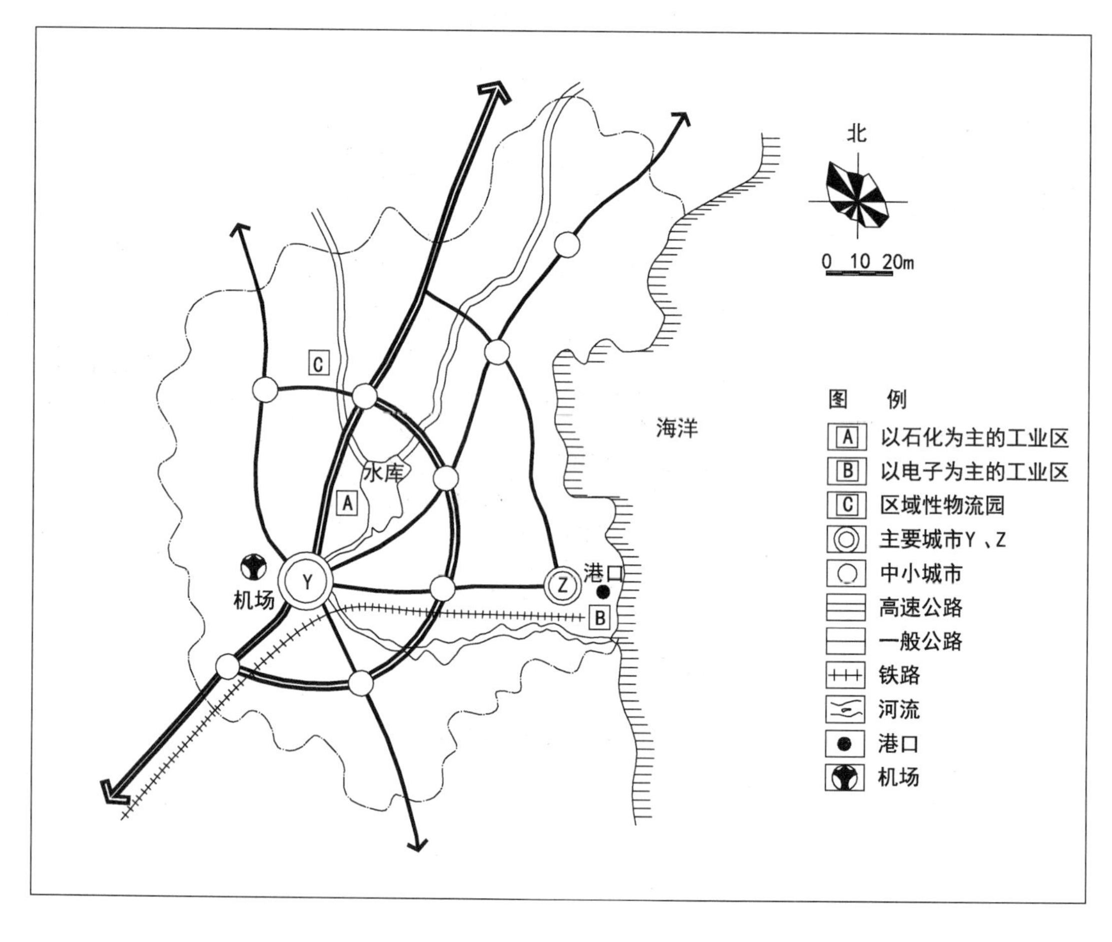

图 3-2-5 某市域规划示意图

【答案】

该规划存在的主要问题如下：

1. 产业布局：

①石化工业不靠近港口和铁路，交通运输不便，且靠近水库不利于生态环境保护；

②区域性物流园区距离主要对外交通设施太远，布局不合理；

③电子工业区建于海边不合理。

2. 道路交通：

① 机场未选址在城市 Y 和城市 Z 之间，不利于区域基础设施的共享（不便 Z 市利用机场）；

② 城市 Y 和城市 Z 之间没有高速公路联系，不合理；而若干中小城市之间却用高速公路相连，不经济。

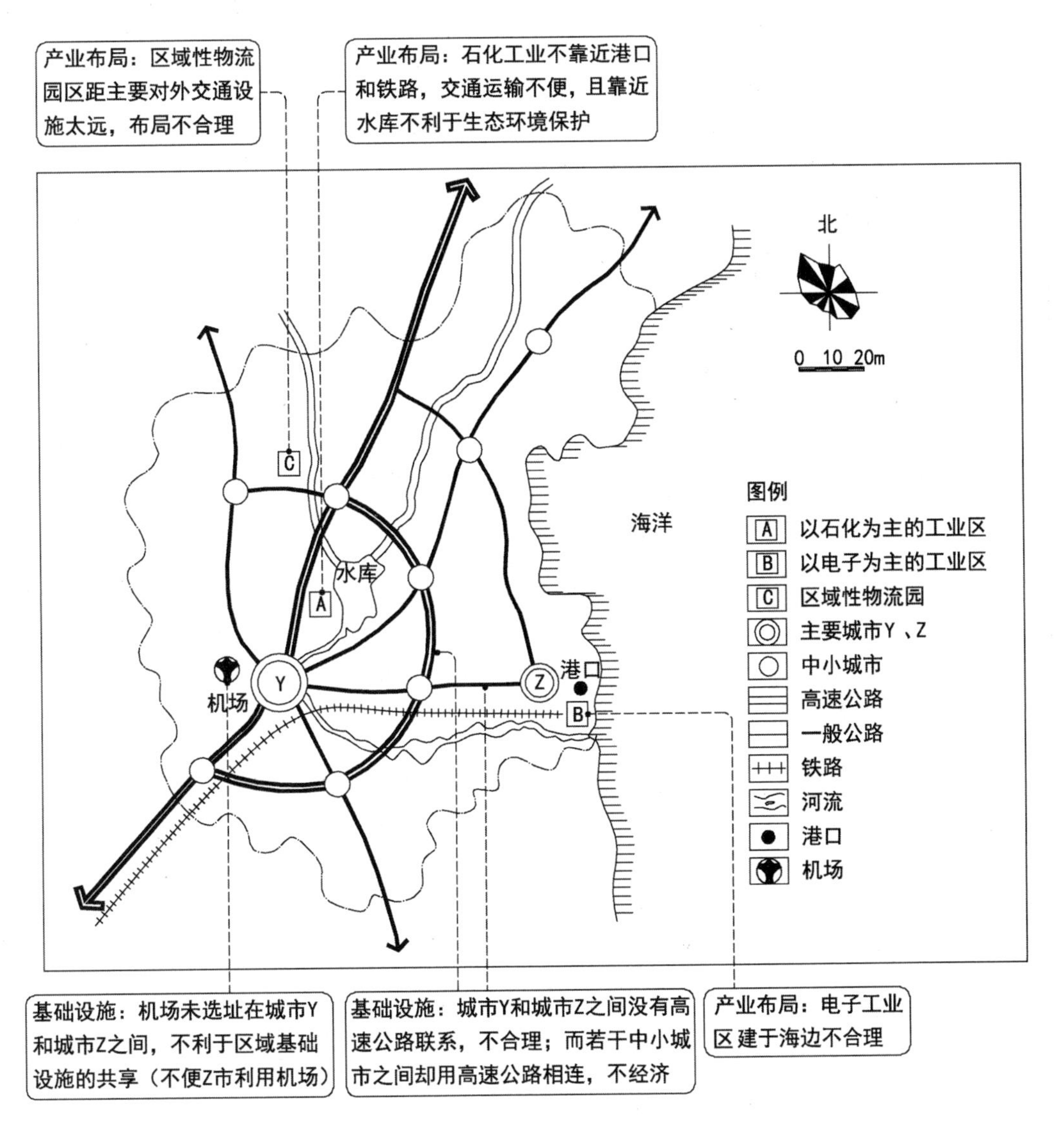

图 3-2-6 解析图示

2009-01. 试题一（共 15 分）

某市域城镇体系规划。M 为中心城市，C 为以煤炭、大宗散货为主的港口（5～10 万吨级），B 为 10～20 万吨泊位的港口，以集装箱为主。A 为渔业港区，E 为临港中华工业园区，D 为机场附近布置的以建材机械制造为主的工业园区，N 为区域水厂取水口。在岛屿上布置了一个纺织工业园区。其中，机场、取水口等重大基础设施不在规划区划定范围内。

【问题】试说明该项目在产业布局、规划区划定、交通、环境等方面存在的问题。

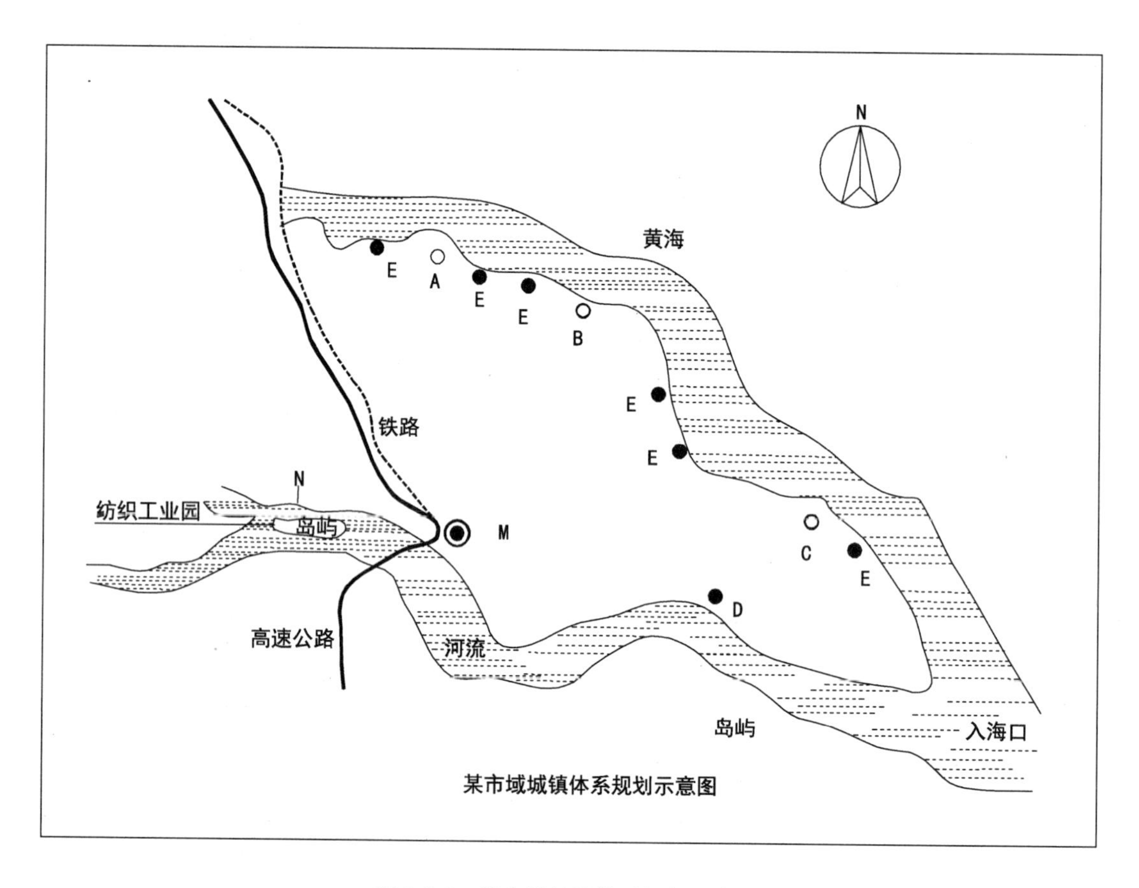

图 3-2-7　某市域城镇体系规划示意图

【答案】

1. 产业布局与环境：

① A 港区布置工业园区，污染环境，影响 A 港区渔业生产，布局不合理；

② 沿岸（海岸）布置大量 E（中华工业园区），工业园区统筹不够，布局过于分散；

③ 岛屿上布置纺织工业园，污染水体，影响区域性水厂取水口环境，布局不合理；

④ 机场附近布置建材、机械制造业等，与机场功能不协调。

2. 规划区划定：

规划区划定不合理，应将机场、取水口等重大基础设施划入规划区范围。《城市规划编制办法》第 30 条第（六）款：根据城市建设、发展和资源管理的需要划定城市规划区。

3. 交通体系：

铁路与港口 C、高速公路与港口 B 没有很好的联系，使港口运输不便（也可以说港口 B、C 交通联系不畅，缺少铁路、高速公路等的连接）。

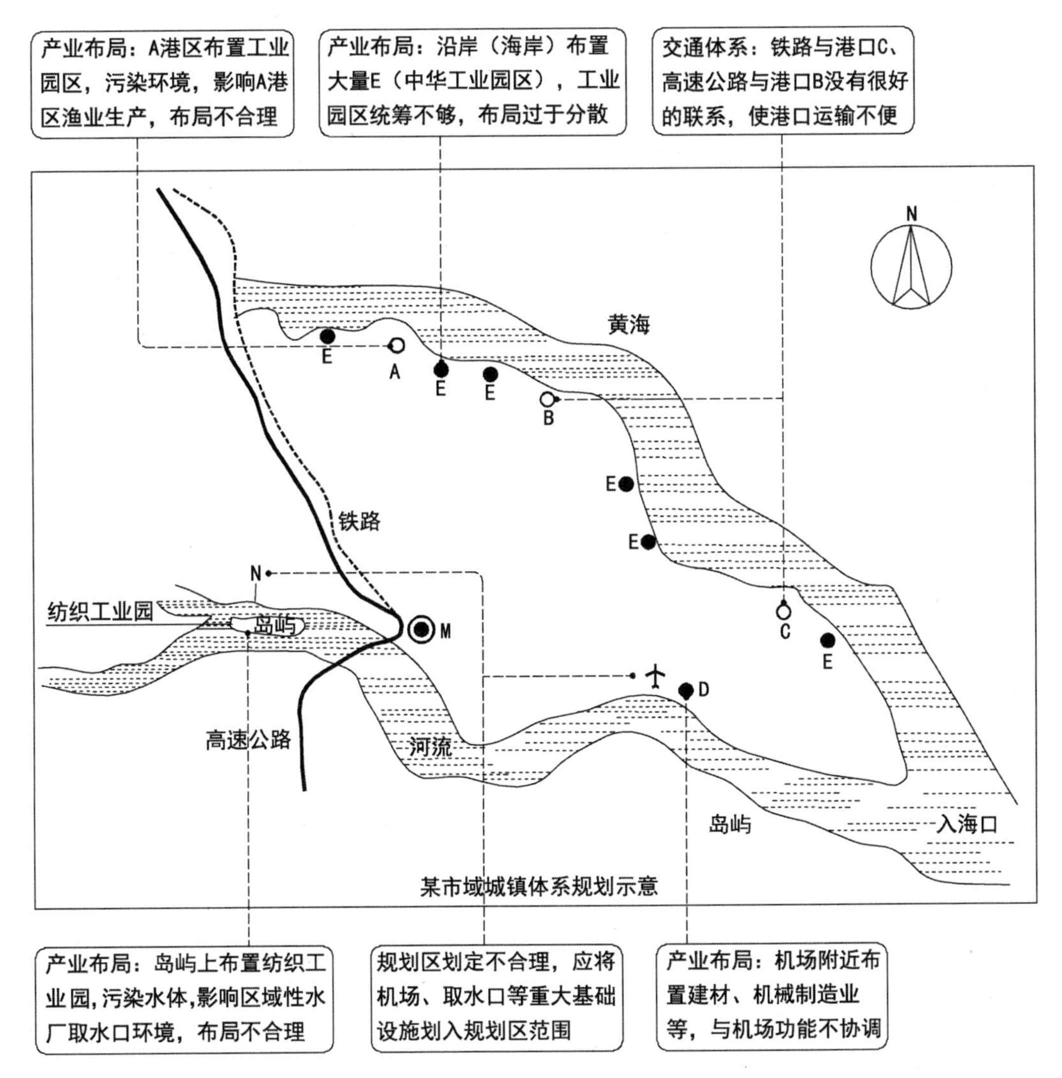

图 3-2-8 解析图示

2011-01. 试题一（15 分）

图一为西南内陆地区某县县域城镇体系规划示意图。该县县域面积 1316km²，西北部为丘陵山区，东南部为平原，临近区域中心城市甲，北江是它们共同的水源地。

2009 年底，该县县域城镇化水平为 42%，人均 GDP 为 21240 元，经济发展水平略低于全国平均水平。

规划提出 2020 年县域总人口 80 万人，其中：县城城市人口 30 万人；重点镇 5 个，每个镇驻地人口 2.6 万人；一般镇 13 个，每个镇驻地人口 1 万人。规划确定城镇主导职能如下：县城为综合服务，重点镇 A 为农产品加工，重点镇 B 为商贸和旅游，重点镇 C 为旅游及建材，重点镇 D 为商贸服务，重点镇 E 为化工和物流。

试对该规划存在的主要问题进行评析。

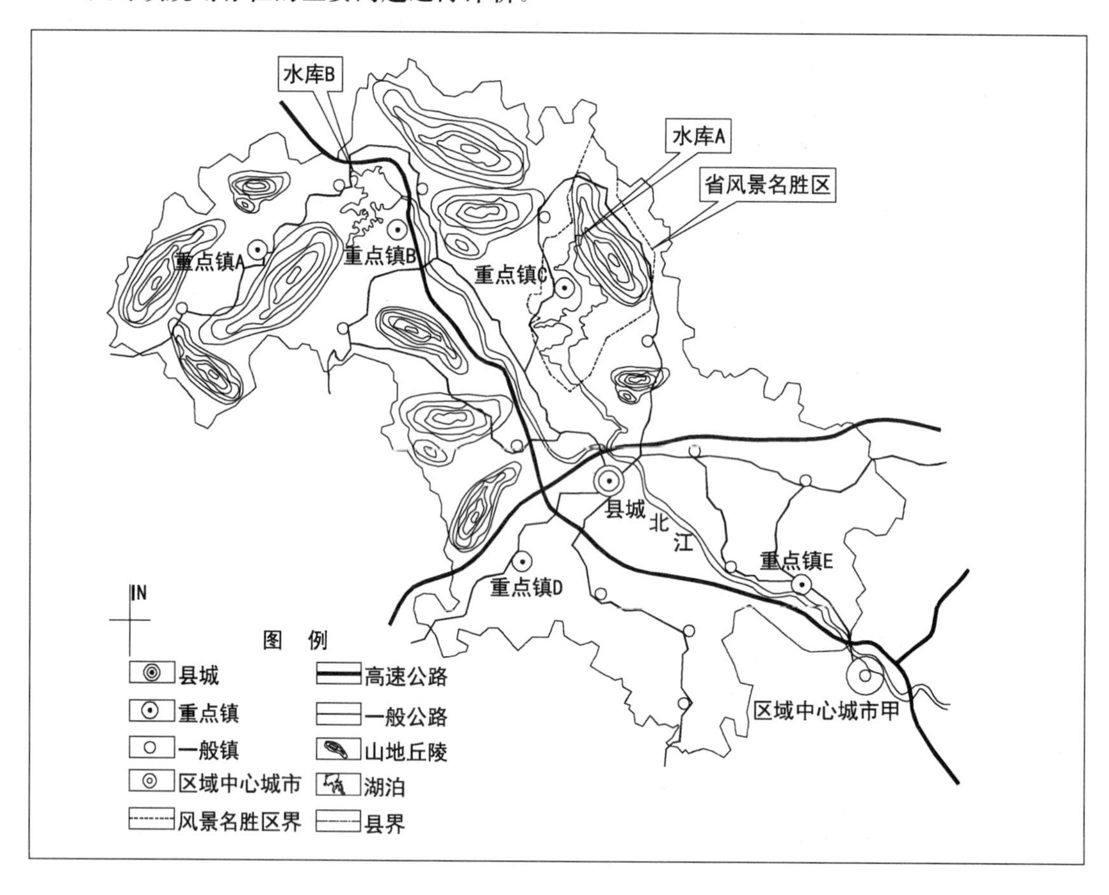

图 3-2-9 某县县域城镇体系规划示意图

【答案】

1. 等级结构：

① 根据该县的地理区位及地理特征，规划确定的 2020 年城镇化率为 70%左右是不切实际的；

② 镇的规模都一样，太机械，应结合实际区别对待；

③ 一般镇分布应结合地形，东部地势平坦地区适当多一点，交通方便且靠近区域中心城市应为县域重点发展地区。西北部为丘陵地区且有省级风景区，应注重生态环境保

护，城镇适度发展。

2. 职能分工：

① 重点镇 A 交通不便，不适合做重点镇，A 不适合做农产品加工。且丘陵地区的农产品产量不高，原料需要从外地运输，成本高，离中心城市远，存在市场问题；

② 重点镇 C 在风景区内，也不适合做重点镇；不适合做建材，有污染，对景观也有影响；

③重点镇 E 位于市域中心城市甲的水源上游，不宜发展化工类污染项目，适合做农产品加工，就地取材，离大城市近，销售方便。

3. 基础设施：

① 各重点镇之间缺乏必要的交通联系；

② 部分道路翻越山体是没有必要的，造成不必要的浪费；

③ 高速公路在甲市绕过了北江，增加了基础投资，且也没必要跨江。

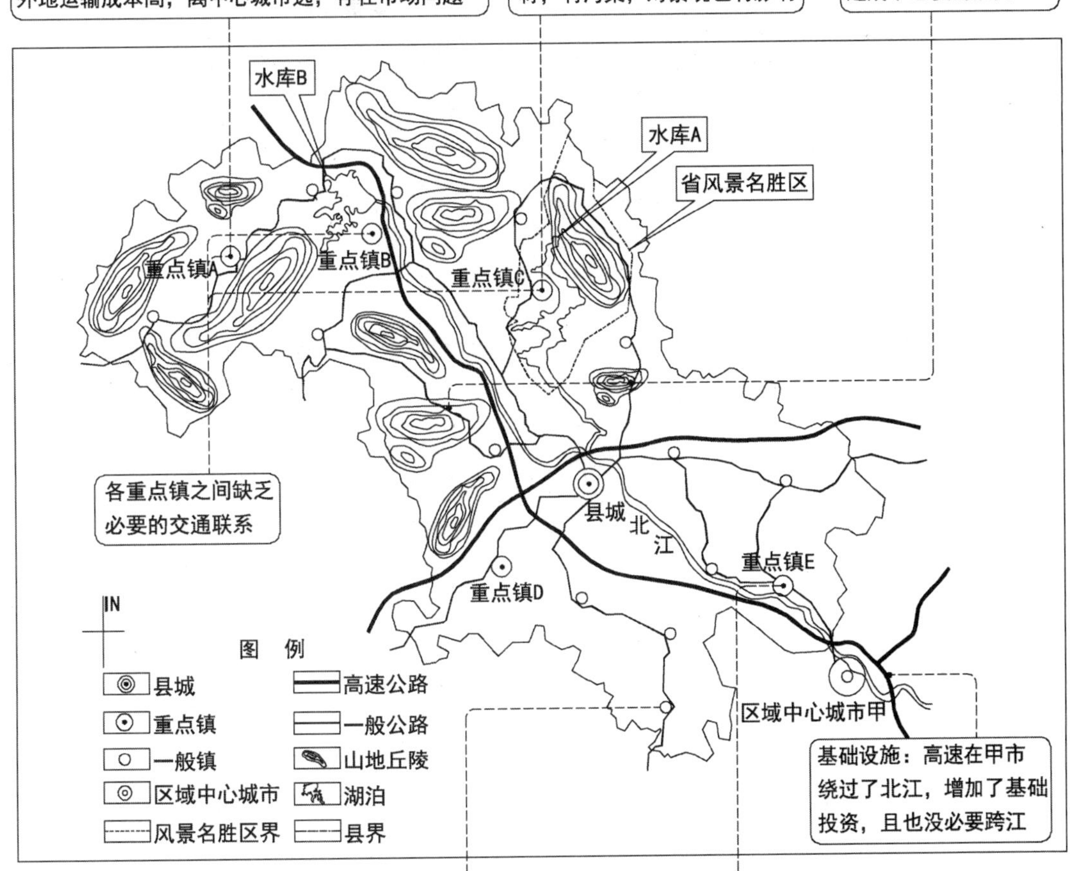

图 3-2-10　解析图示

2013-01. 试题一

西北地区县域城镇体系规划，处于国家功能区划的限制发展区，南、北均为丘陵及山地，城镇在河谷地带布局。北部为水源地与生态涵养区，现状总人口 42 万，城镇化水平 32%。县城人口 9.6 万人。东西均为人口为 100 万的大城市甲、乙。

规划 20 年后总人口 62 万，城镇化水平 62%，县城人口 15 万人。

布局一个中心城市，6 个重点镇，9 个一般镇。并在中心城市东部规划了 $20km^2$ 的工业园区。

论述规划存在哪些问题。

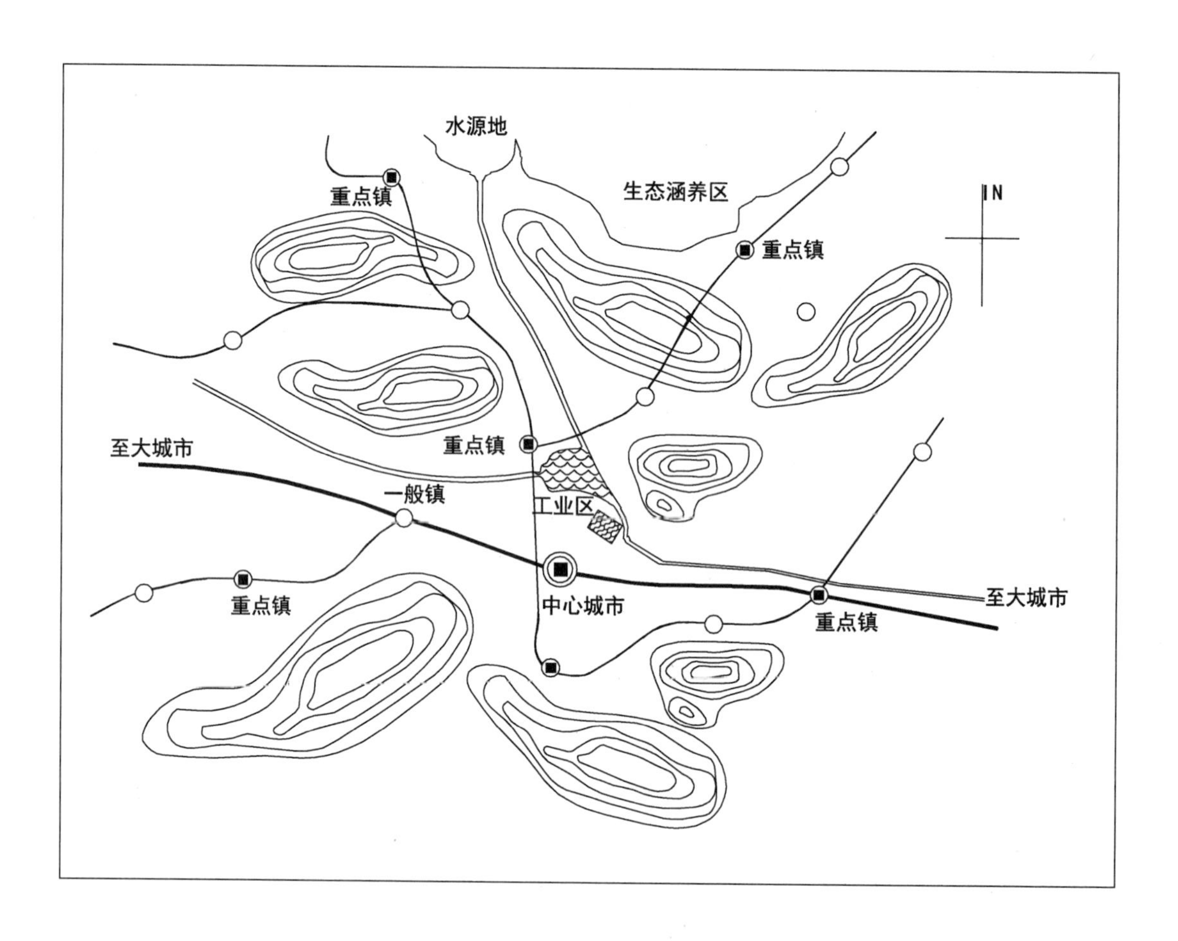

图 3-2-11　某县域城镇体系图

【答案】

1. 等级结构：

① 城镇化水平发展速度过快，规划总人口由 42 万增长到 62 万，城镇化水平 20 年间由 31%发展为 62%，不符合地处国家主体功能区划限制发展区及西北丘陵地带的自然条件。

② 规划城镇体系等级结构不合理，重点镇过多且部分重点镇分布不合理。

③ 北部、东北部地处生态涵养区、水源地区且远离河谷地带和主要交通干道和铁路，发展重点镇不合理。

④ 中心城市西侧镇位于交通要道，规划为一般镇不合理，应定位为重点镇，并将其西南侧镇改为一般镇。西北侧城镇规划为重点镇无可支撑的理由。

2. 产业布局：

工业区选址不合理。工业区位置位于水库附近，对中心城市和下游 100 万人口大城市水源造成污染，且距离对外交通线较远，联系不便。

3. 基础设施：

部分道路横切山体，城镇道路选线不合理，且东北处一镇无交通线连接；

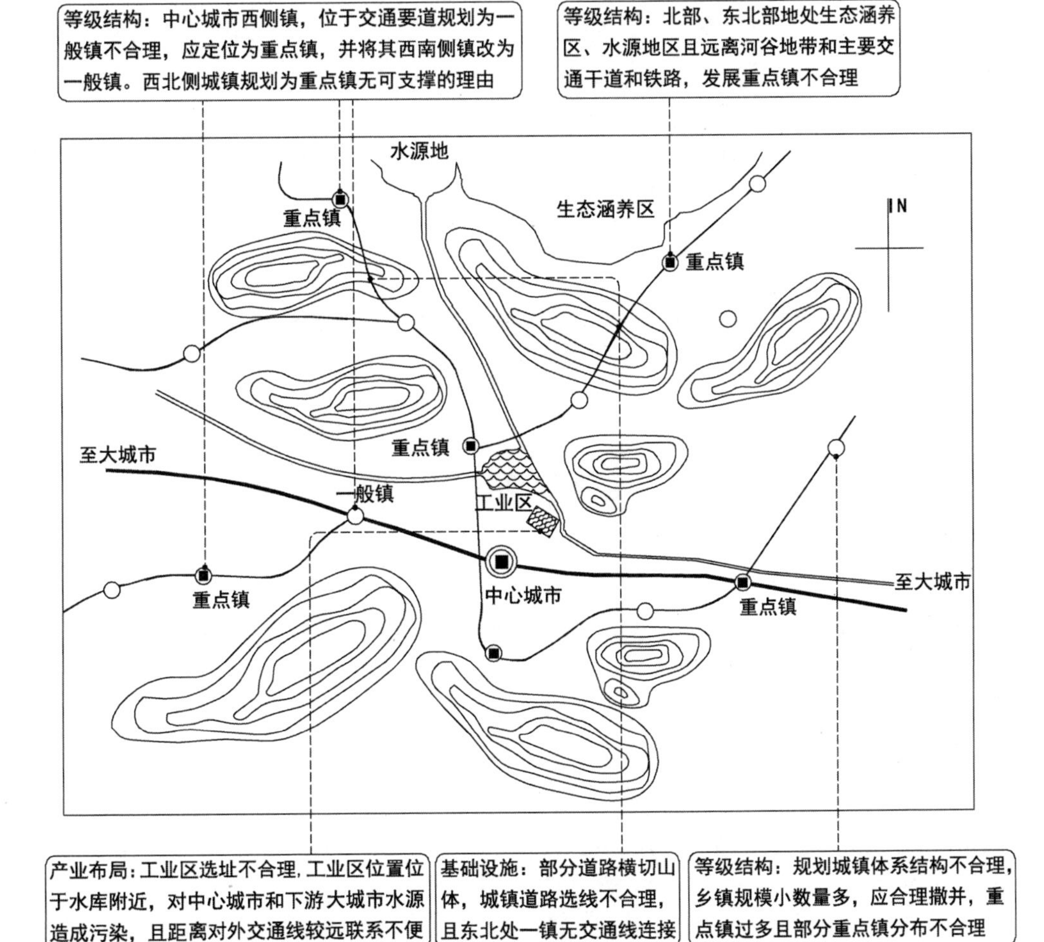

图 3-2-12 解析图示

2014-01. 试题一（15 分）

西部某县，属严重干旱缺水地区，县域生态环境脆弱，东北部山区蕴藏有较为丰富的煤矿资源。经济发展水平较低。2013 年，县域常住人口 30 万人，呈现负增长态势，城镇化水平 38%，辖 9 个乡镇。规划期为 2013～2030 年，规划大力发展煤化工业，2030 年县域常住人口 55 万人，城镇化水平 75%，县域形成 1 个中心城区、5 个重点镇、3 个一般乡镇组成的城镇体系结构。规划城镇布局、饮用水源保护区、省级风景名胜区、矿产开采及煤化工业区分布如图所示。

试问：根据提供的示意图和文字说明，指出该规划存在的主要问题并说明理由。

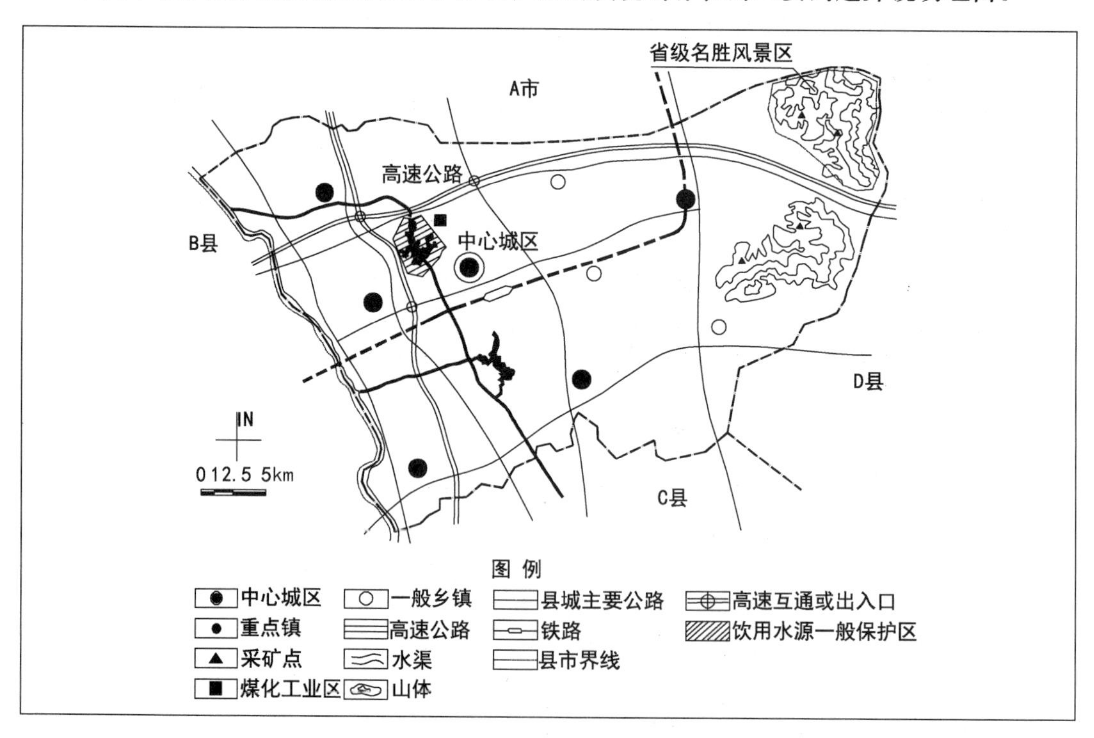

图 3-2-13　某县城镇空间布局规划示意图

【答案】

1. 等级结构：

① 城镇化水平发展过快，该县的城镇化呈负增长状态，至规划期末，城镇化率由规划初期的 38%提高到 75%，明显脱离实际，不合理。

② 县域人口为负增长态势，为收缩型小城市，规划人口由现状 30 万增长到 55 万不合理。

③ 城镇结构不合理，重点镇过多，应适当减少重点镇。

④ 县城南部重点镇规划不合理。该镇周边资源缺乏，交通不便，定位重点镇不合理。

2. 产业布局：

① 大力发展煤化工不合理。县城属严重缺水地区，生态脆弱，发展煤化工业等耗水产业与现状不符合。

② 煤化工业区位置不当，接近水源级保护区，且造成废气和粉尘污染，影响中心城

区居民生活用水的品质，与采矿点没有便捷的交通联系。

3. 基础设施：

① 高速公路规划选线及境内主要公路不合理。城区与高速公路接口位置较远且连接道路等级低。对内没有与中心城区、重点镇取得便捷的交通联系；对外没有与周边的县市、风景名胜区取得联系。

② 铁路选线不合理，客运站远离城区，没有便捷地联系主城区，且被县城主要道路分割，选线穿越东北角重点镇不合理。

4. 资源保护与利用：

① 在省级风景名胜区设采矿点不合理，违反相关法律法规要求。

② 南部饮用水源地未划保护区范围。

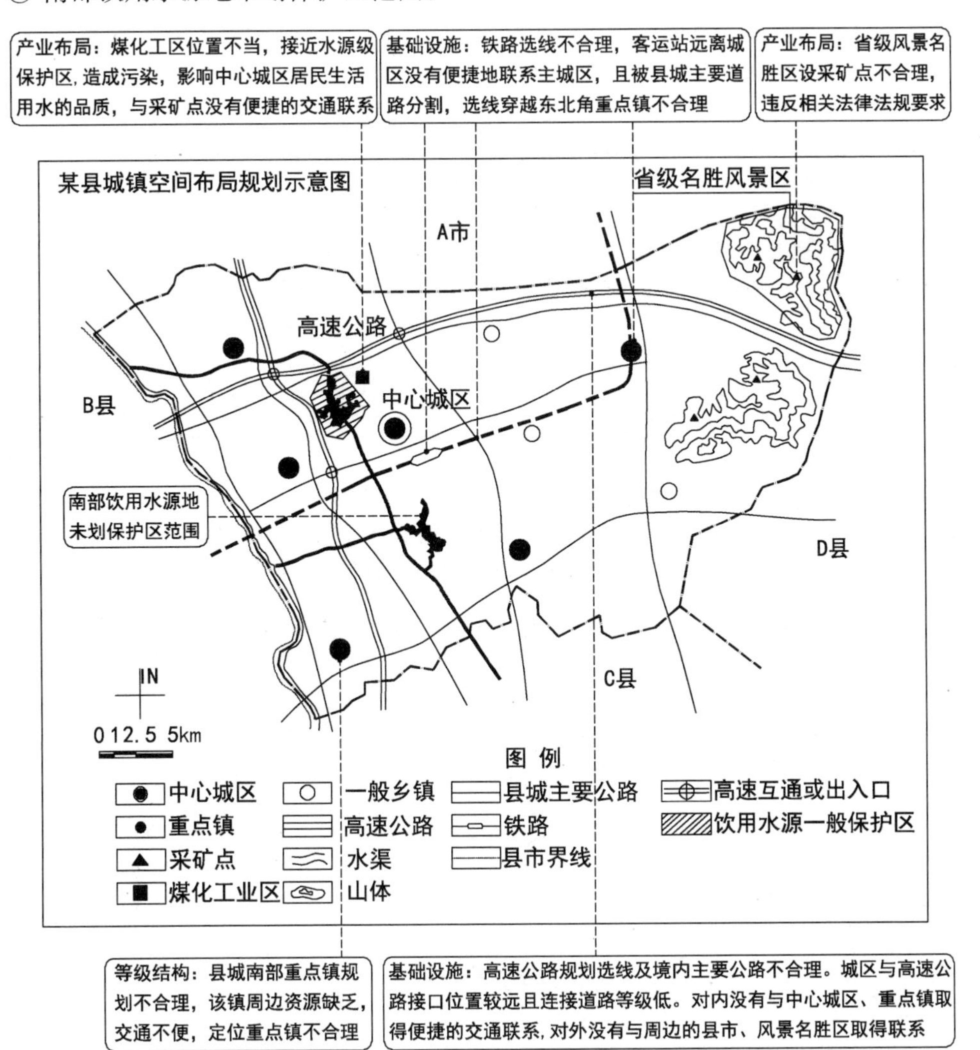

图 3-2-14　解析图示

第四章　城市总体规划方案评析

第一节　要点概述

这部分评析主要是围绕城市和镇总体规划方案中用地布局的有关内容进行。涉及人口、社会、经济、历史、文化、生态、地质、土地利用、道路交通、给排水、电力电信、燃气、环卫、防灾等众多专业。主要包括：

总体规划评析重点　　**表 4-1-1**

重点	内　容
目标定位	① 是否与国土规划、区域规划、江河流域规划及上层次城镇体系规划相衔接和协调，是否准确把握了城市在国家或区域经济社会发展中的地位。 ② 城市性质、主要职能和建设目标是否相互匹配，其论据是否充分。
发展规模	① 人口规模：是否充分考虑了城市经济发展水平、城市化水平以及土地、水资源、能源等环境条件的制约，是否用科学的预测方法进行了必要的研究和论证。 ② 用地规模：用地规模的确定是否从现状用地水平、职能需求及资源条件的实际情况出发，是否坚持了节约和集约利用土地的原则。 ③ 是否符合基本农田保护政策和规划建设用地标准等有关规定。
用地布局	① 居住、公共设施、工业、仓储、对外交通、道路广场、市政公用设施、绿地、特殊用地等各类用地的空间布局是否有利于提高生活质量和环境质量，有利于繁荣经济，有利于交通组织，有利于历史文化、地方特色、自然景观和风景名胜的保护，有利于分期实施和可持续发展。 ② 各类建设用地比例的确定是否科学合理，是否有利于协调发展。
基础设施	① 以道路网络为骨干的综合交通是否构成了良好的体系；城市内部交通是否顺畅、便捷、高效。 ② 对外交通是否与区域城镇发展相衔接，符合主要物流和客流的联系方向。 ③ 水源和能源的供应、垃圾和污水处理、环境治理和保护、防灾和人防、地下空间、重大市政设施选址等是否得到了妥善安排和落实。
空间管制	① 是否合理划定“三区”（禁止建设、限制建设和适宜建设）的地域范围，并制定空间管制措施。 ② 是否合理划定“四线”（绿线、蓝线、紫线和黄线）保护范围，并制定保护重点和保护措施。近期建设的规模、内容、时序、实施步骤和政策措施是否具有可操作性。

第二节　教材实例与真题解析

实例 1.

该市的东、南有高速公路和铁路，设有客货兼营火车站一座，西边为一湖泊。东南方向距离某特大城市约 70km，西北方向距离某地级市约 50km。

该市确定以发展无污染工业和旅游度假服务为主导的综合性城市。

规划以河流、绿带为轴，贯穿城市中部，分北城区、南城区、东组团三片。北城区为全市公共活动中心和居住区，南城区为工业、仓储区，东组团为新规划的居住区。沿湖风景优美，规划两座度假村。

【问题】请指出该总体规划布局的主要不当之处及其理由。

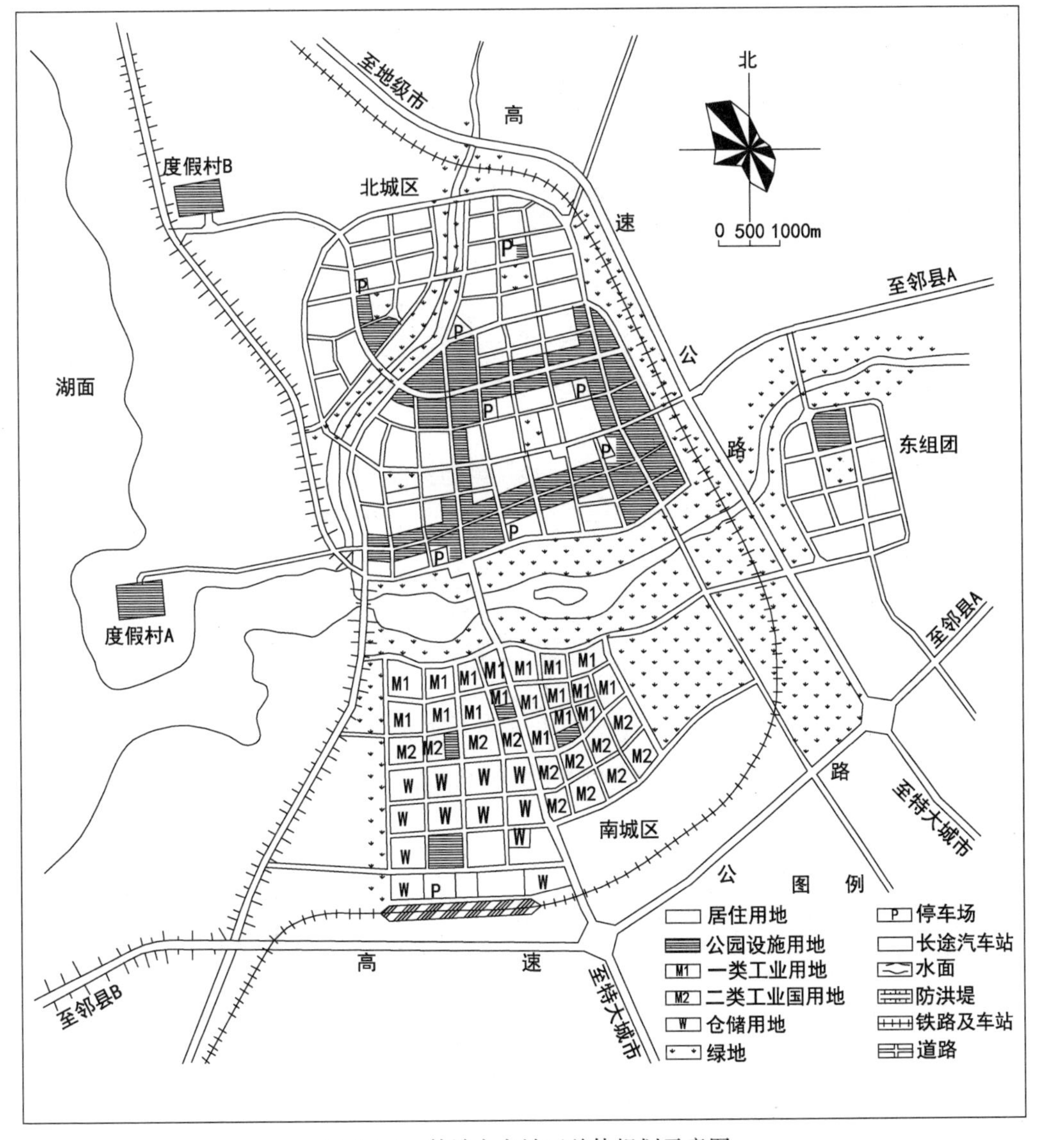

图 4-2-1　某城市主城区总体规划示意图

【答题要点】

1. 用地布局：

① 功能分区过于机械，增加居民出行距离，形成上下班交通拥挤；

② 城市发展方向错误，在南北市区尚有建设用地的条件下，不应跨越高速公路和铁路发展东组团；

③ 度假村 A 不应安排在防洪堤内。

2. 基础设施：

① 南北市区之间联系道路偏少；

② 东组团与南市区的交通联系不便；

③ 没有充分考虑现有火车站的功能作用，土地利用不尽合理。

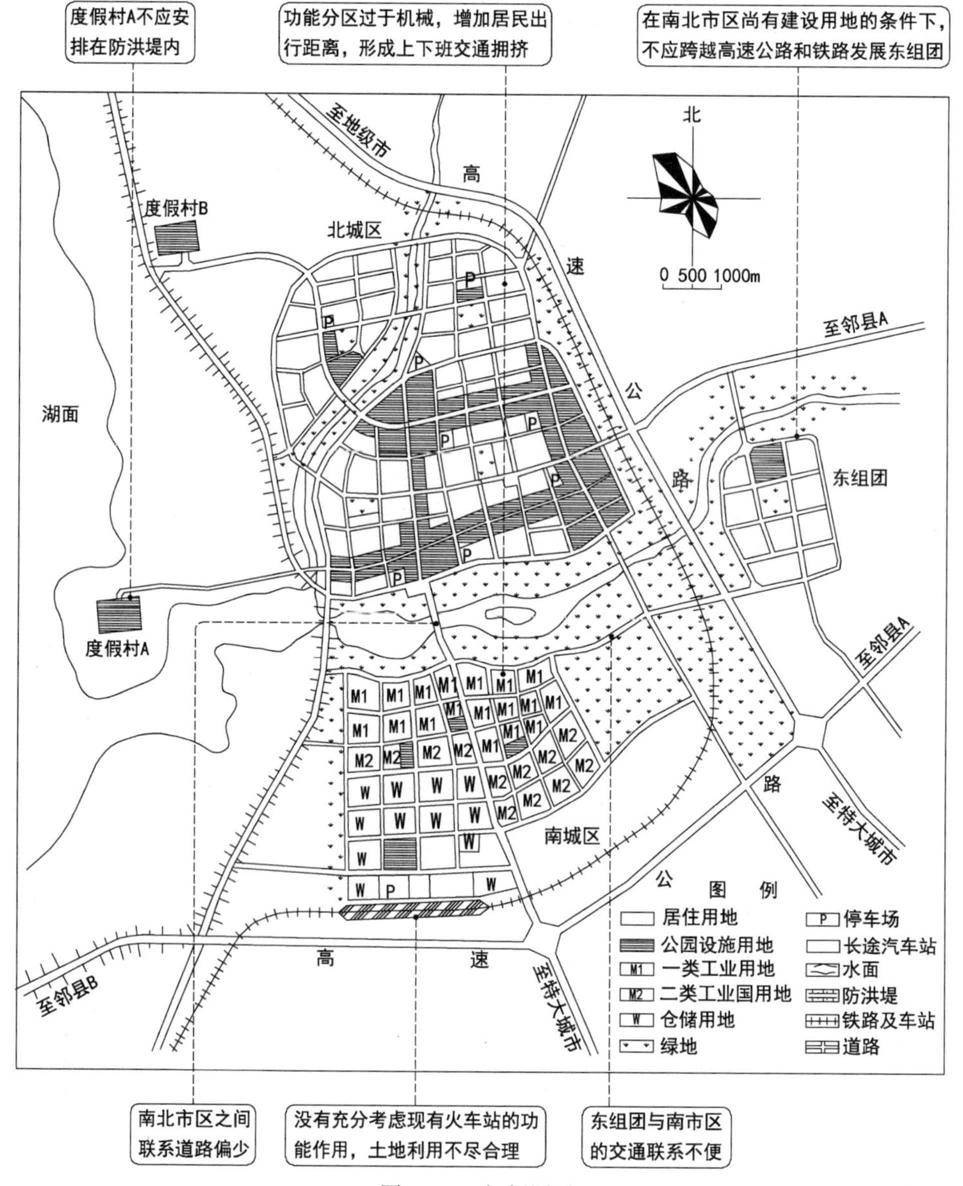

图 4-2-2　解析图示

实例 2.

图 4-2-3 为某县级市因省道改线而形成的总体规划布局的两个方案。该市西距人口 65 万人的地级市 40km，东距 5 万人口的县城 30km。用地条件较好，西部为山丘坡地，东部较为平坦，水资源充沛。虽现状人口不足 10 万人，但随着近年国家铁路的通车，社会经济呈快速发展的趋势，该省域城镇体系规划中已确定其为重点发展城市。

【问题】评析比选出一个优选方案并说明理由。

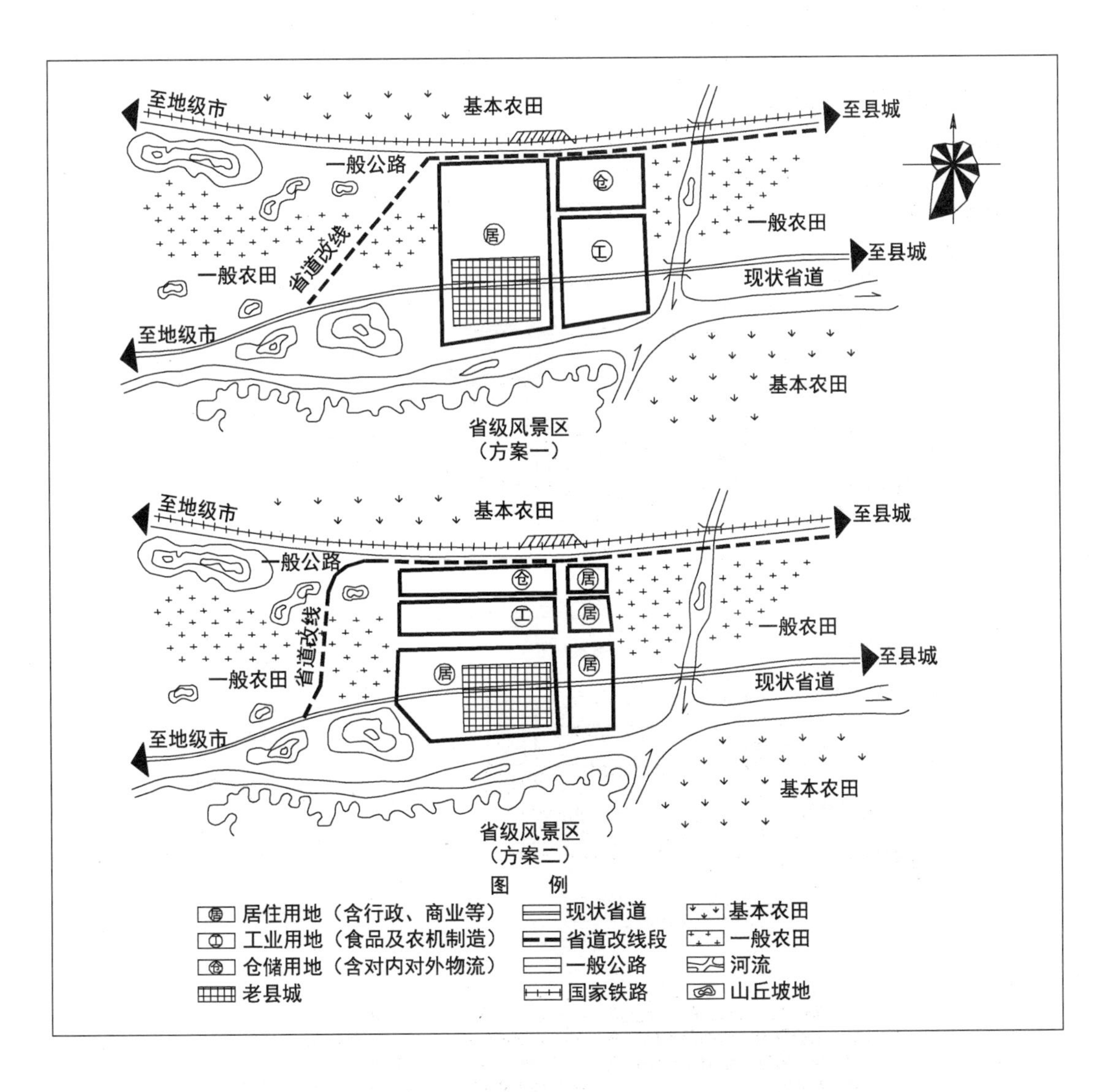

图 4-2-3　某市城市用地发展及省道改线规划示意图

【答题要点】

方案二更优，理由是：

1. 拓展方向：主要用地沿对外交通干线和可用地潜力方向平行布置，有利于城市未来不可预计的空间拓展；

2. 用地布局：仓储和工业用地沿铁路线布局，有利于产业发展和货运交通组织，而大部分居住用地远离铁路布局，有利于避免噪声干扰；

3. 农田保护：城市西部为山丘坡地，较东部贫瘠，有利于城市建设尽可能少占农田；

4. 区域衔接：城市向西发展有利于接受西部地级市的辐射作用；

5. 交通体系：省道的改线方式和正南北向的线形，既能保证城市未来发展用地的完整，又便于组织城市路网。

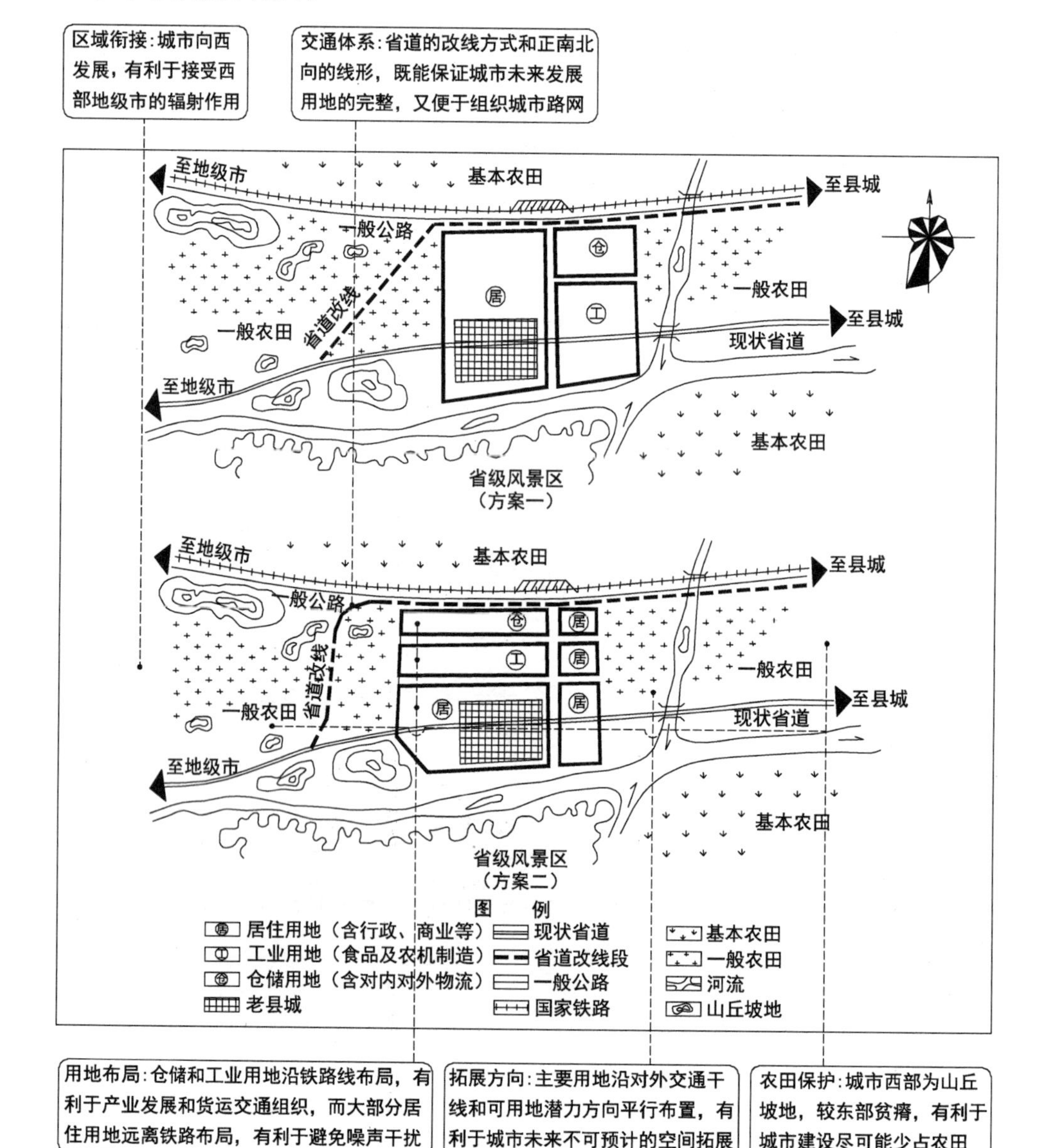

图 4-2-4　解析图示

实例 3.

某市拟规划发展人口规模为 25 万人左右的一座新城，图 4-2-5 为新城总体规划方案。新城选址于铁路客运站南侧，一条河流由东西向穿城而过。城西为风景区，城南为连绵的山脉。经专家评审基本同意方案的总体框架，但对部分工业用地、居住用地以及垃圾填埋场用地等方面提出了改进意见。

【问题】针对专家意见试评析该规划方案存在的主要不足。

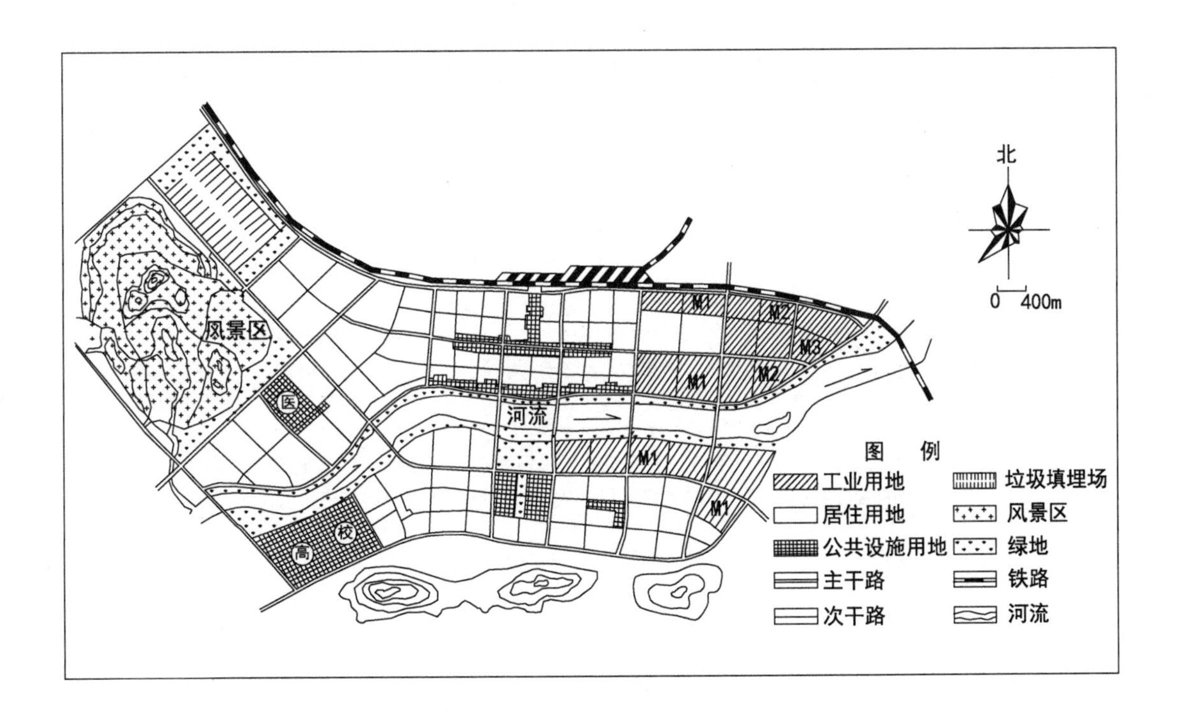

图 4-2-5 某新城总体规划布局方案

【答题要点】

1. 工业用地布局：

河流是城市难得的景观资源，沿河南岸连续布置一类工业（M1），既占用了宝贵的城市景观岸线，又由于主导风向的影响，不利于生活区的空气质量的维护。

2. 居住用地布局：

城市东北部的两大块居住用地布置在工业用地之间是不恰当的。

3. 市政用地布局：

城市垃圾填埋场距离居住区和风景区都过近，不符合规范要求。

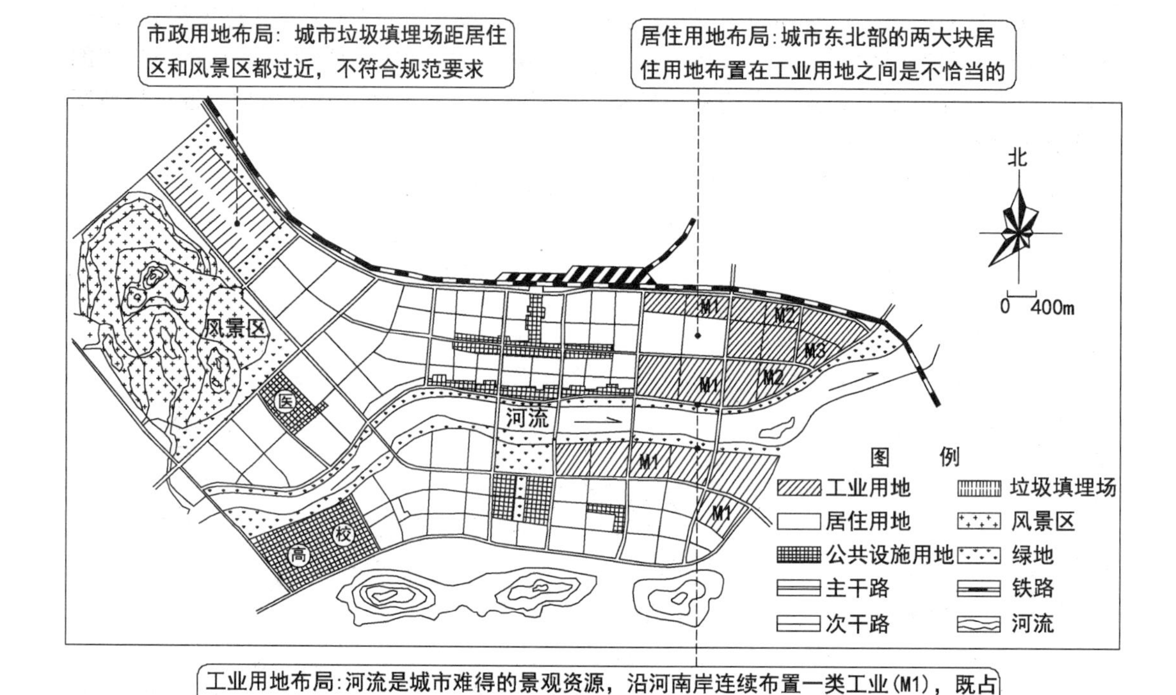

图 4-2-6 解析图示

2010-01. 试题一（15 分）

某地级市位于我国南部河谷平原地带，拥有国家级风名胜区——南山风景区。紧邻风景区北部为城市中心城区，为现状主要建成区；城市北部、北山西侧有部分省级科研机构。该市目前已初步建成地区中心城市和科研基地，是城景交融的全国著名旅游城市。2009 年现状人口约为 35 万人，现状建成区用地面积约为 34 平方公里。

近期一国家高速铁路将计划铺设在城市西河西侧。目前，该市正拟修编城市总体规划，市政府对项目组提出如下城市发展战略：

① 到 2030 年，城市规划人口为 100 万人；

② 为加强城市经济实力，大力发展工业；

③ 在城市北部，利用现有科研机构，发展成为科技园区；

④ 建设西区新城，并将高速铁路设站作为城市发展的新动力，跨西河建设城市中心商务区；

⑤ 在城市南部，引进大型钢铁企业，集中建设钢铁工业区；

⑥ 利用南山风景区资源，在东湖边发展湖滨区，建设高档住宅区和休闲度假区。

试分析这些战略思路是否科学合理，并进行简要评析。

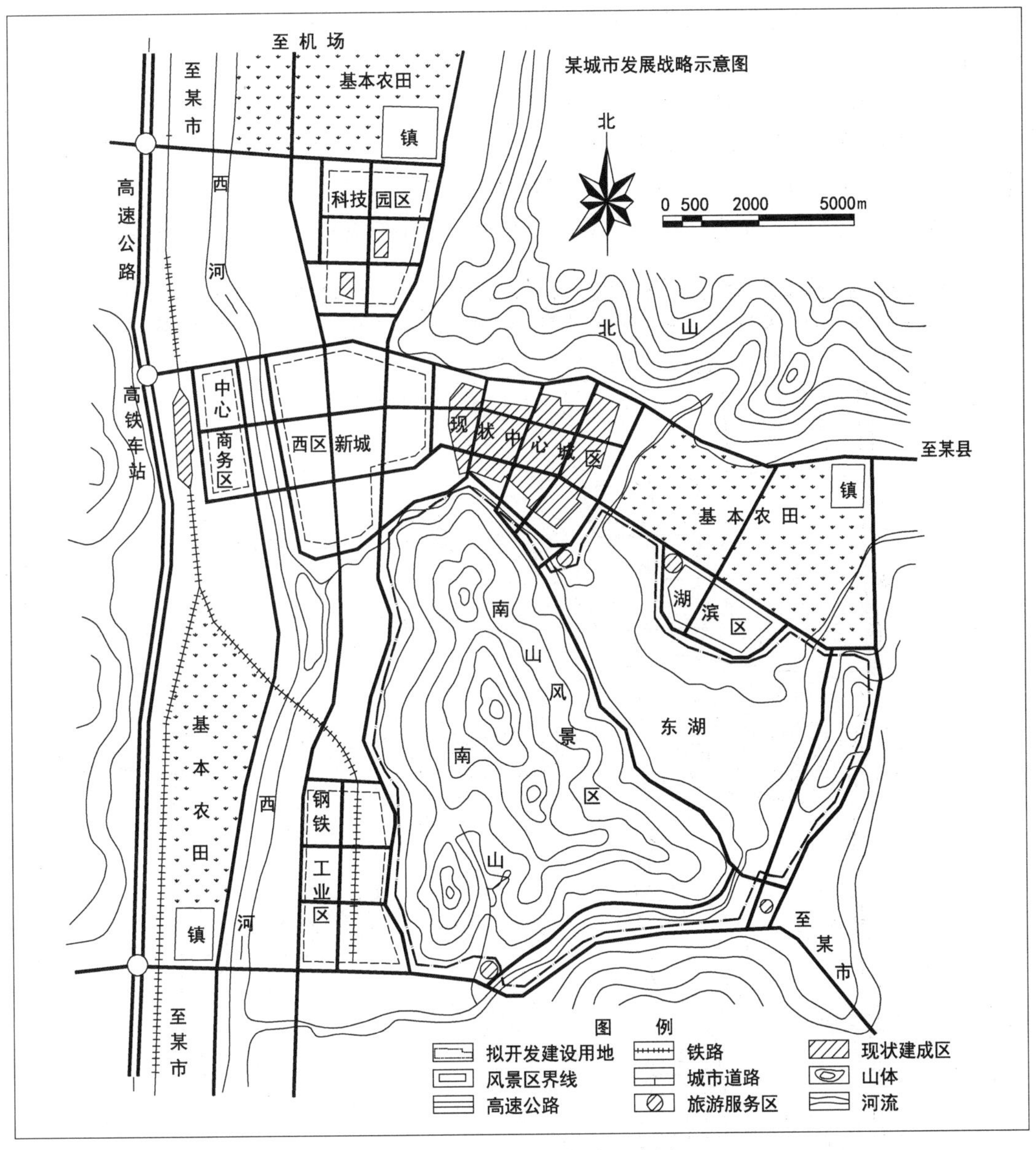

图 4-2-7　城市发展战略示意图

【答案】

1. 目标定位：

大力发展工业不合理，大力发展工业与城景交融的全国著名旅游城市性质不符，应着力发展旅游等第三产业。

2. 发展规模：

规划人口 100 万不科学，城市受风景名胜区、山体、基本农田、高铁及高速公路限制，且现状人口规模较小。

3. 用地布局：

① 利用现有科研机构优势发展科技园区合理，既可以利用现有科研优势又靠近西区新城，利于科研和新城相互融合。

② 向高铁方向选址新城合理，既满足城市主要发展方向又可以避免基本农田、山体等限制因素。

③ 中心商务区跨河远离城区，且靠近高铁站不合理。

④ 在靠近城南风景区和主城上风向建钢铁企业（污染型园区）不合理，易对风景区和主城造成污染，且高铁与工业区发展交通性质不协调。

⑤ 高档住宅区靠近基本农田和东湖，容易造成对基本农田、湖泊岸线的侵占。

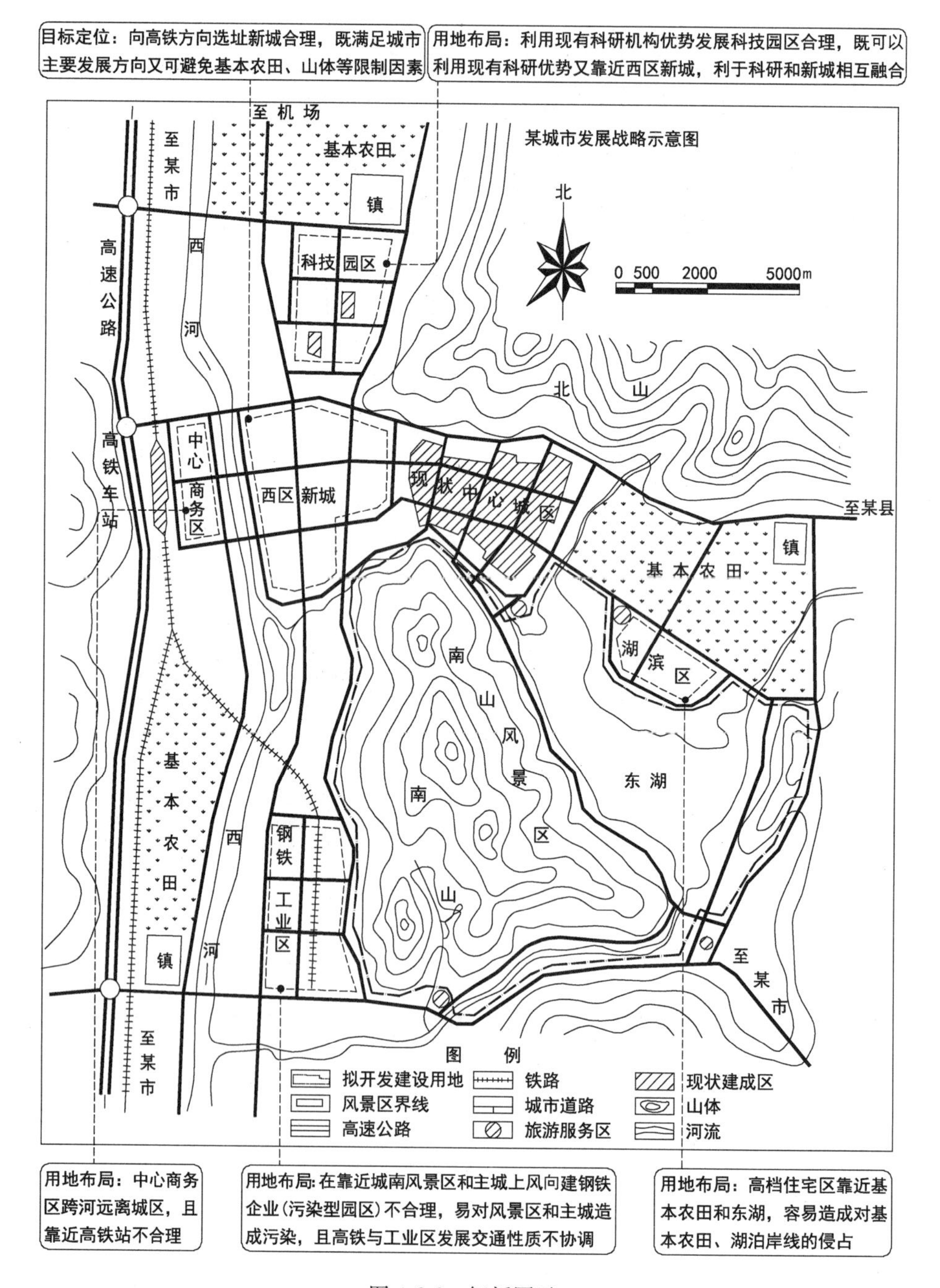

图 4-2-8　解析图示

2010-02. 试题二：（城市总体规划）（15 分）

某县级市地处丘陵向河谷平原的过渡地带，是以工业发展为主导的工贸城市。城区北部现有地方铁路通过，设有客货混运站，境内交通便利，最近又将建设一条高速公路，为该市加快发展创造了一定条件。

该市 2004 年城区现状人口 13 万人，城市建设用地 11.1km²，人均建设用地 85m²；经规划预测，到 2020 年人口规模将达到 28 万人，城市建设用地 30km²，人均建设用地 107m²。

老城区位于铁路与河流之间。总体规划方案对未来城市空间进行了布局，主要为跨河向南、跨铁路向北发展生活居住用地，向东发展工业区。规划布局详见该市总体规划示意图。

试指出该规划存在的主要问题及其原因。

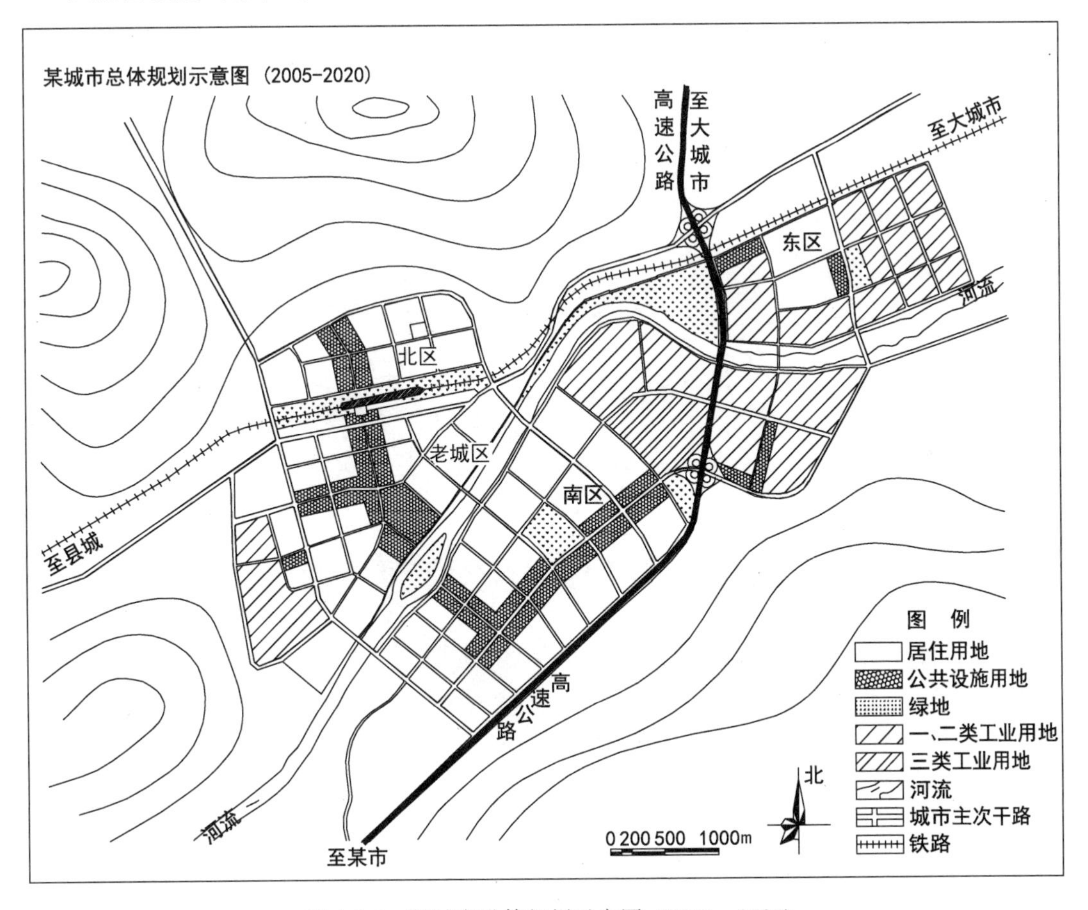

图 4-2-9　某城市总体规划示意图（2005—2020）

【答案】

1. 发展规模：

规划人均建设用地调整到 107m²/人不符合规范要求；现状人均建设用地为85m²/人，调整幅度为 0～15，规划 107m²/人显然不符合规范，城镇化水平发展过快不合理。

2. 用地布局：

① 北区跨铁路站建设不合理，增加城市建设投资，同时铁路对用地有较强的噪声干扰，且北侧用地受限制，不利于长远发展。

② 向东发展工业用地，向南发展居住用地不合理。上风向、河流等周边环境良好的地段应开发居住用地，工业用地向河流南边布局。

③ 东区工业区大量占用岸线不合理，三类工业区紧邻居住用地且无绿化分隔带，工业居住混杂相参不合理。

④ 缺少相应的仓储用地。

3. 基础设施：

① 高速公路横穿城区不合理，对城区用地造成分割，对城市未来发展不利。

② 客货混运铁路站规划应将客运站、货运站分开设置，避免工业区运输对主城交通产生干扰，方便客运站深入客源密集区周边，提高各自的服务效率。

③ 缺少相应的市政设施用地。

图 4-2-10　解析图示

2010-04. 试题四：（城市总规划）（10 分）

某中等城市中心区由东环路、西环路、南环路、北环路构成的内环路围合而成。中心区以北主要发展居住用地，西环路以西主要发展工业和仓储物流用地等，中心区以行政管理、商业服务、文化教育和居住用地为主。中心区规划方案（见图 4-2-11）主要内容包括：

1. 以城市内环路和主次干路形成道路网骨架，组织内外交通。

2. 以环湖公园为中心，保护历史古城，通过水系和绿地与古城连接。

3. 在环湖公园北侧开辟一条南北轴线，安排行政中心、体育场及小开型商业、文化设施等用地。

4. 在行政中心以东，古城北侧规划两片大型商业设施用地。

5. 在环湖公园南侧规划两片低层、低密度旅游设施用地。

6. 在火车站附近规划长途汽车客运站和大型工业仓储及工业产品物流中心。试从道路交通与用地布局方面指出该方案尚存在的主要问题。

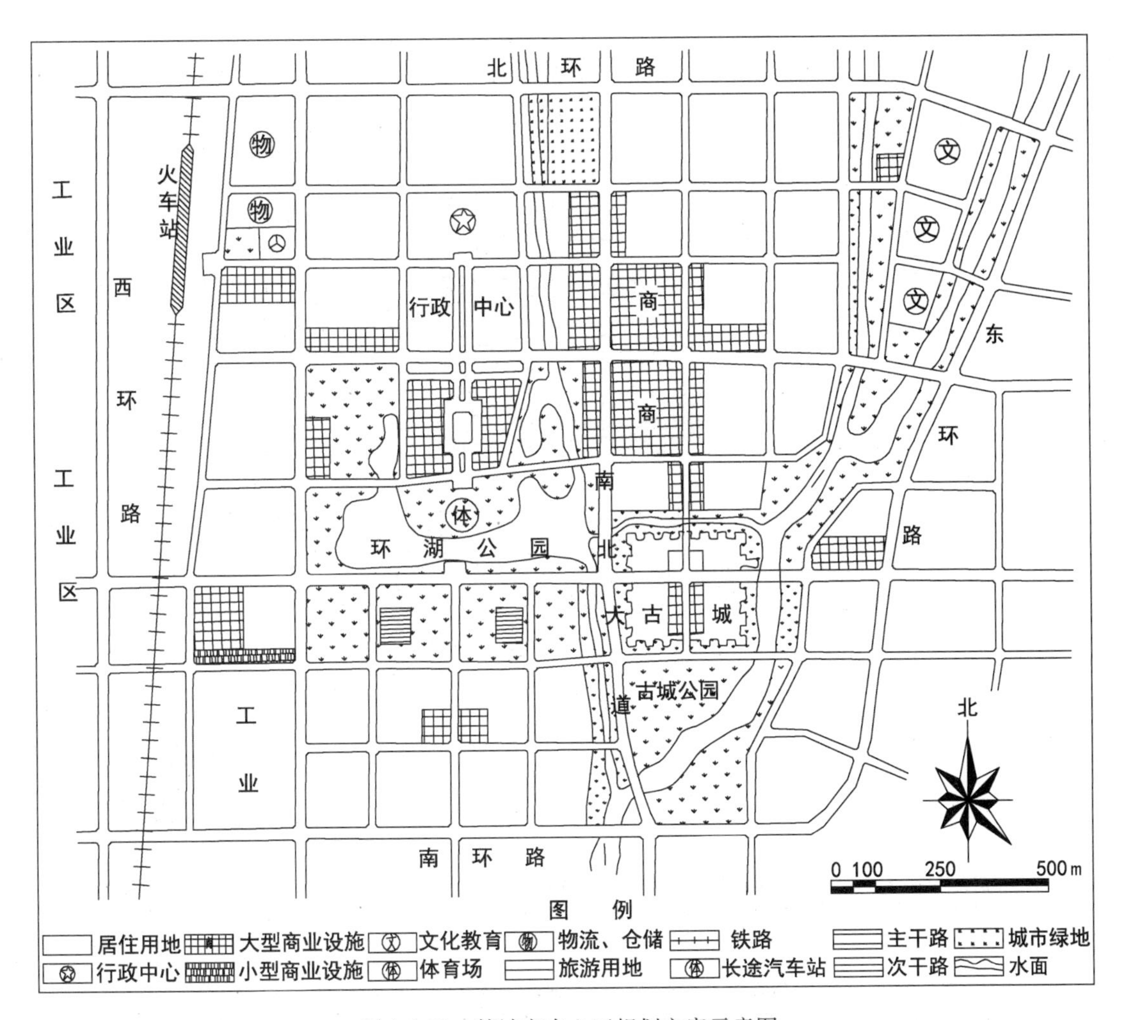

图 4-2-11　某城市中心区规划方案示意图

【答案】

1. 用地布局：

① 体育用地位于公园绿地内，不符合规定；

② 西环路以东，工业、仓储与居住功能混杂，明显不合理；

③ 旅游用地分散且与绿地公园及古城等结合不够紧密。

2. 道路交通：

① 东西轴线横穿公园绿地和古城不符合规定，既破坏了绿地的功能又严重破坏了对古城的保护，其强大的交通流将对绿地和古城保护非常不利；

② 市路网无等级分工且密度非常不合理；

③ 南北轴线、东西轴线干道功能与两侧用地性质（商业、公共设施）不协调。

图 4-2-12　解析图示

2011-02. 试题二：（15 分）

某镇位于我国西部某大河沿岸，邻近国家重要的高山林业水源涵养区。该镇对外交通便捷、旅游资源丰富。作为传统的农业城镇，近年来在国家扶贫开发、生态移民、重点培育旅游服务基地等政策的支持下，经济社会发展迅速。该镇近期拟依托水电资源优势，发展电解铝等产业。

镇区 2009 年现状人口 2860 人，建设用地 49.2hm²，人均 172m²。规划预测到 2020 年人口规模达到 6000 人左右，建设用地为 89.4hm²，人均 149m²。镇区空间发展主要向东、西两翼拓展，规划布局简图如图所示。

试指出该镇总体规划中在城镇规模、产业发展及其布局、道路、市政设施等方面存在的主要问题并阐明理由。

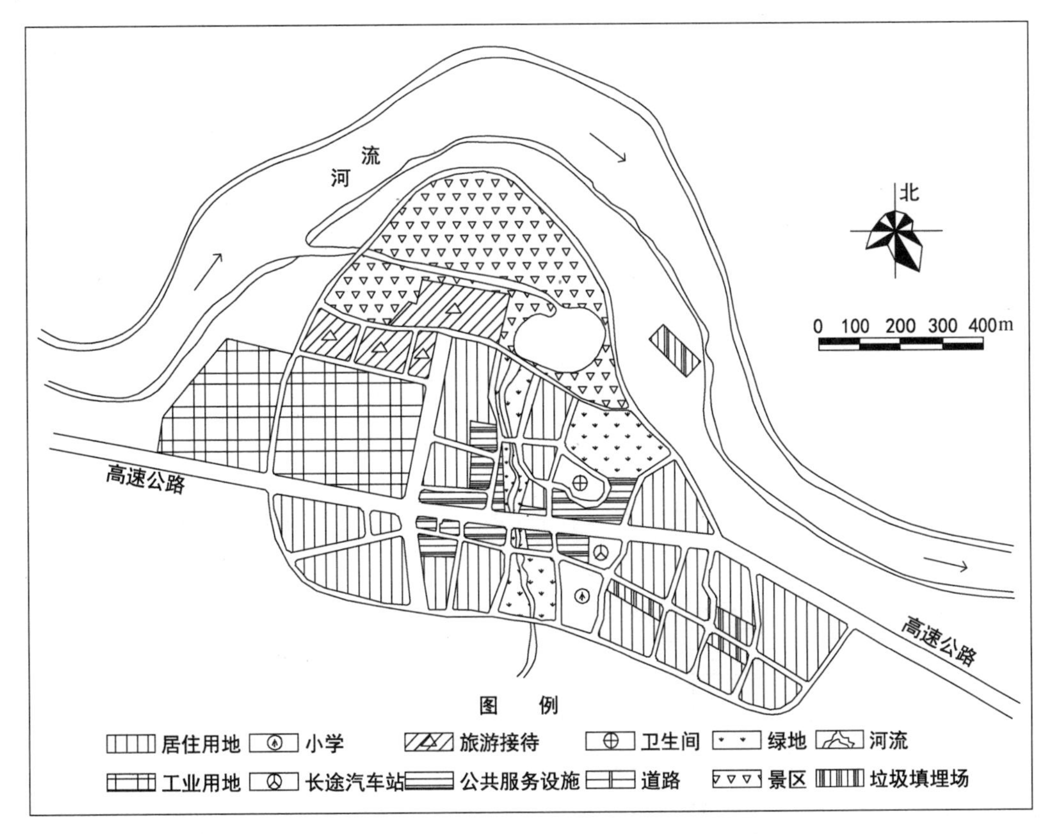

图 4-2-13 某镇总体规划用地布局示意图

【答案】

1. 发展规模：

① 人口规模：该镇处于水源保护区，一直执行生态移民政策，且是传统农业镇，11 年时间人口从 2800 多人增加到 6000 人，明显不合理。

② 用地规模：该镇处于西北地区难得的富水之地，土地资源较为珍贵，所以应该节约用地，人均 149m² 的用地显然太过浪费。

2. 产业发展：

产业布局不合理，电解铝属化工产业，对城市污染太大，与旅游城市定位不符。

3. 用地布局：

① 工业用地位于上风上水方向，污染严重；与景区太近；临近河岸布置不合理，占据岸线资源；与其他用地之间没有隔离带；

② 旅游接待用地侵占景区范围；

③ 学校与对外交通太近，有干扰；

④ 公共设施不集中，应该集中设置公共设施中心；汽车站应在城市边缘；沿河没有绿化带。

4. 道路交通：

① 路网结构混乱，级别划分不明，系统性较差，过多丁字路口和斜交路口；

② 过境交通穿越城市，且对城市开口过多，对城市干扰较大；

③ 小学和医院可达性较差。

5. 市政设施：

垃圾填埋场离建成区和水体都太近，且没有绿化隔离带和防护带，污染严重，不符合相关规范要求；缺少给水、污水、雨水、电力、电信、燃气等市政公用设施。

图 4-2-14　解析图示

2012-01. 试题一（共 15 分）

A 市为某省一地级市，地处该省最发达地区与内陆山区的缓冲地带，是国家历史文化名城，水陆空交通枢纽，和邻近的 B 市、C 市共同构成该省重要的城镇发展组群，经相关部门批准，目前要对 A 市现行城市总体规划进行修编。

【问题】试问，在新版城市总体规划编制过程中，分析研究 A 市城市性质时应考虑哪些主要因素？

【答案】

① 从区域背景角度考虑 A 市在省域城镇体系中所处的地位、相应的发展规模，与 B 市、C 市之间的关系，以及承接省内发达地区、辐射内陆山区的区位特征。

② 从城市自身发展条件角度，考虑 A 市作为水陆空交通枢纽、国家历史文化名城的优势。

③ 从城市职能角度，考虑 A 市在城镇发展组群中分担的职能，A 市的部门经济结构及主导产业类型。

【解析】

确定城市性质一般考虑两方面：一是城市在国民经济中承担的职能，二是影响城市发展的主导因素。应结合城市所处的区域背景和自身具有的条件来看。在编制城市总体规划的过程中，确定城市性质的应参考上位规划的成果，即考虑 A 市在省域城镇体系中的地位和职能，因此应考虑 A 市与 B、C 两市共同构成该省重要的城镇发展组群，考虑 A 市在其中承担的作用。此外，在区域背景上还应考虑 A 市地理区位条件，与发达地区和内陆山区的关系。

从自身条件上看，A 市具有交通枢纽优势、历史文化名城优势，对其城市性质的确定也有重要作用。

2012-02. 试题二（共 10 分）

图 4-2-15 为某县级市中心城区总体规划示意图，规划人口为 36 万人，规划城市建设用地面积为 43 平方公里。该市确定为以发展高新技术产业和产品物流为主导的综合性城市，规划工业用地面积占总建设用地面积的 35%。铁路和高速公路将城区分为三大片区，即铁西区、中部城区、东部城区。铁西区主要规划为产品物流园区和居住区；中部城区包括老城区和围绕北湖规划建设的金融、科技、行政等多功能的新城区；东部城区规划为高新化工材料生产、食品加工为主导的工业组团。

【问题】试问，该总体规划在用地规模、布局和交通组织方面存在哪些主要问题，为什么？

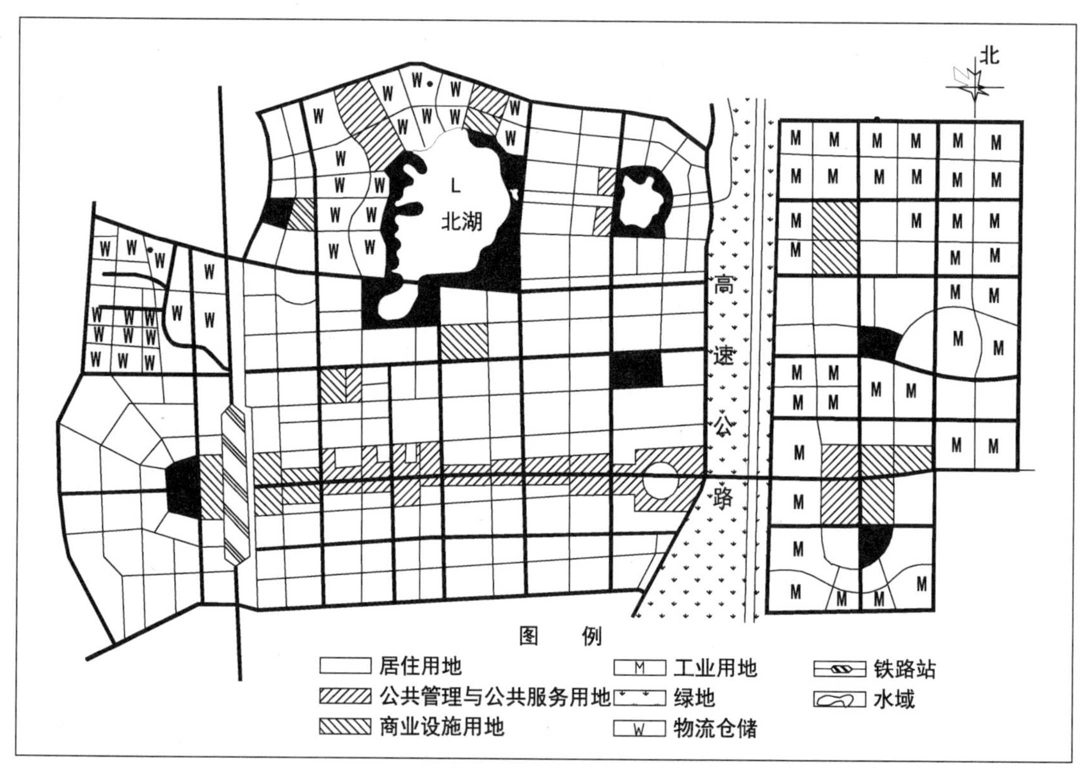

图 4-2-15 某县级市中心城区总体规划示意图

【答案】

1. 用地规模：

① 规划人口 36 万人，城市建设用地 43 平方公里，人均建设用地达 119 平方米，对照规范要求可知，其规划人均城市建设用地规模偏大。

② 工业用地面积比例占 35%过大，不符合发展高新产业和产品物流主导的城市定位。

2. 用地布局：

① 工业、物流仓储应位于主导风向的下风向。

② 东部城区的化工材料生产有污染，而食品加工时环境要求高，两类工业用地不应布置在一起，并且居住、工业用地混杂，不合理。

③ 中部北湖金融科技、行政功能新区布置大量物流仓储用地不合理，且对外交通不便。

④ 铁西区物流仓储用地位于居住用地上风向不合理。

⑤ 广场与公园绿地用地明显不足，大量商业及公共管理与公共服务设施沿主干道集中布局，服务不合理。

⑥ 用地分类过粗，文教体卫等公共服务设施是否满足不清楚，未对公用设施等做出布局安排。

3. 交通组织：

① 三片区交通分割严重，片区联系不便。

② 东部城区布置大量工业而居住用地少，中部城区与东部城区间联系道路不足，易造成钟摆型交通和高峰拥堵。

③ 串联三片区，连接火车站的交通性主干道沿线布局大量生活型用地，明显造成道路功能和用地性质不相符，大量商业及公共管理与公共服务设施沿干道集中布局对交通造成影响。

图 4-2-16 解析图示

2013-02. 试题二

某县级市人口为 25 万人，中间高四周低，南、西、北侧均有河流通过，西侧有铁路客运站和货运站，南侧有一级公路。规划向南发展，并在铁路东西规划了工业和物流用地，结合北侧的水系规划了湿地公园，并有 $15hm^2$ 的广场用地，如图 4-2-17。

请论述规划存在哪些问题，为什么?

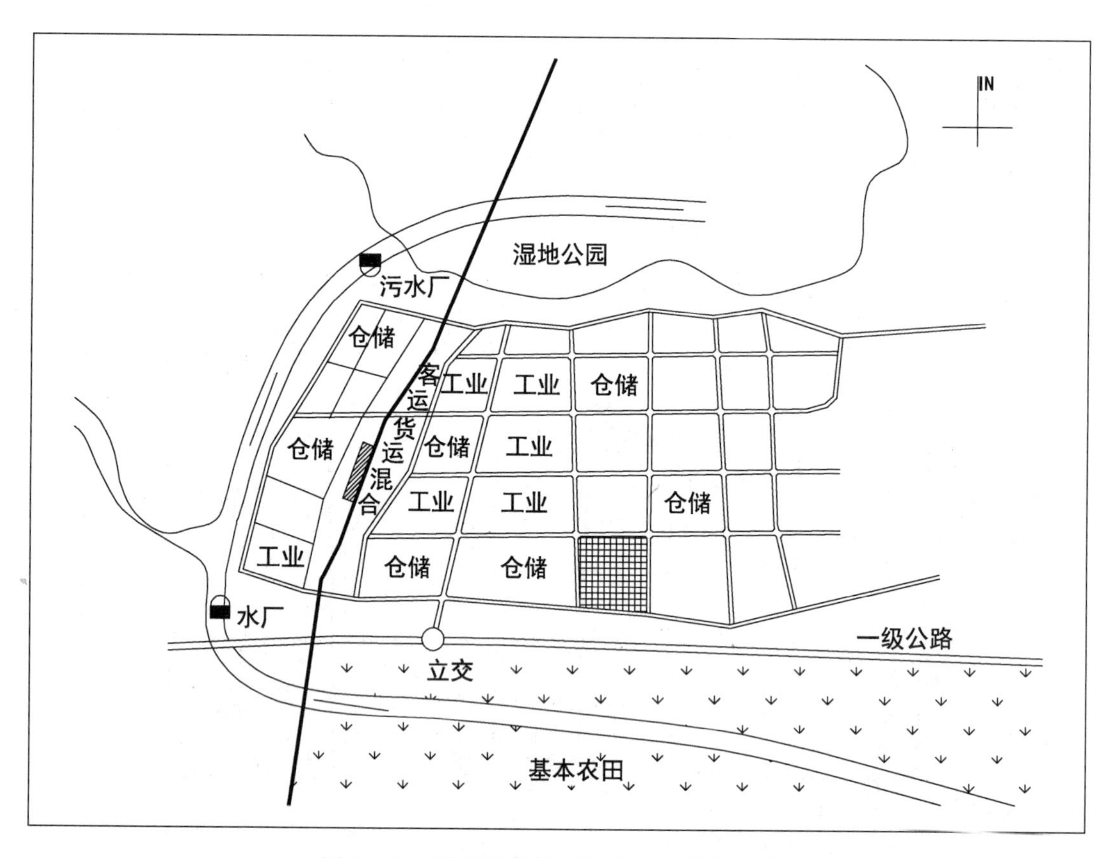

图 4-2-17 某县级市中心城区总体规划示意图

【答案】

1. 目标定位：

规划向南发展不合理，南侧有一级公路、河流及基本农田条件限制，发展受限。

2. 用地布局：

① 仓储用地布局不合理，应相对集中布置在货运站两侧。

② 铁路两侧用地联系不便，应增加两侧用地交通联系。

③ 铁路客运站布置线路西侧为主城区反向一侧，且与客流集中的主城区交通联系不便，为单一通道，不合理。

④ $15hm^2$ 广场面积过大，不符合政策规范（建规［2004］29 号文件规定，小城市和镇不得超过 $1hm^2$，中等城市不得超过 $2hm^2$，大城市不得超过 $3hm^2$），应布置在城市相对中心的地方。

⑤ 不清楚该城市的气候区划及水文地质情况，规划建设大面积湿地公园没有可行性

依据支撑。

⑥ 工业用地太大，超过了总用地的 30%。

3. 基础设施：

① 对于 25 万人的城市，铁路两侧控制用地太大，城市路网间距不合理，缺少支路，路网密度太低。

② 污水处理和净水厂布置与河的流向相反，不合理，应相互对调。

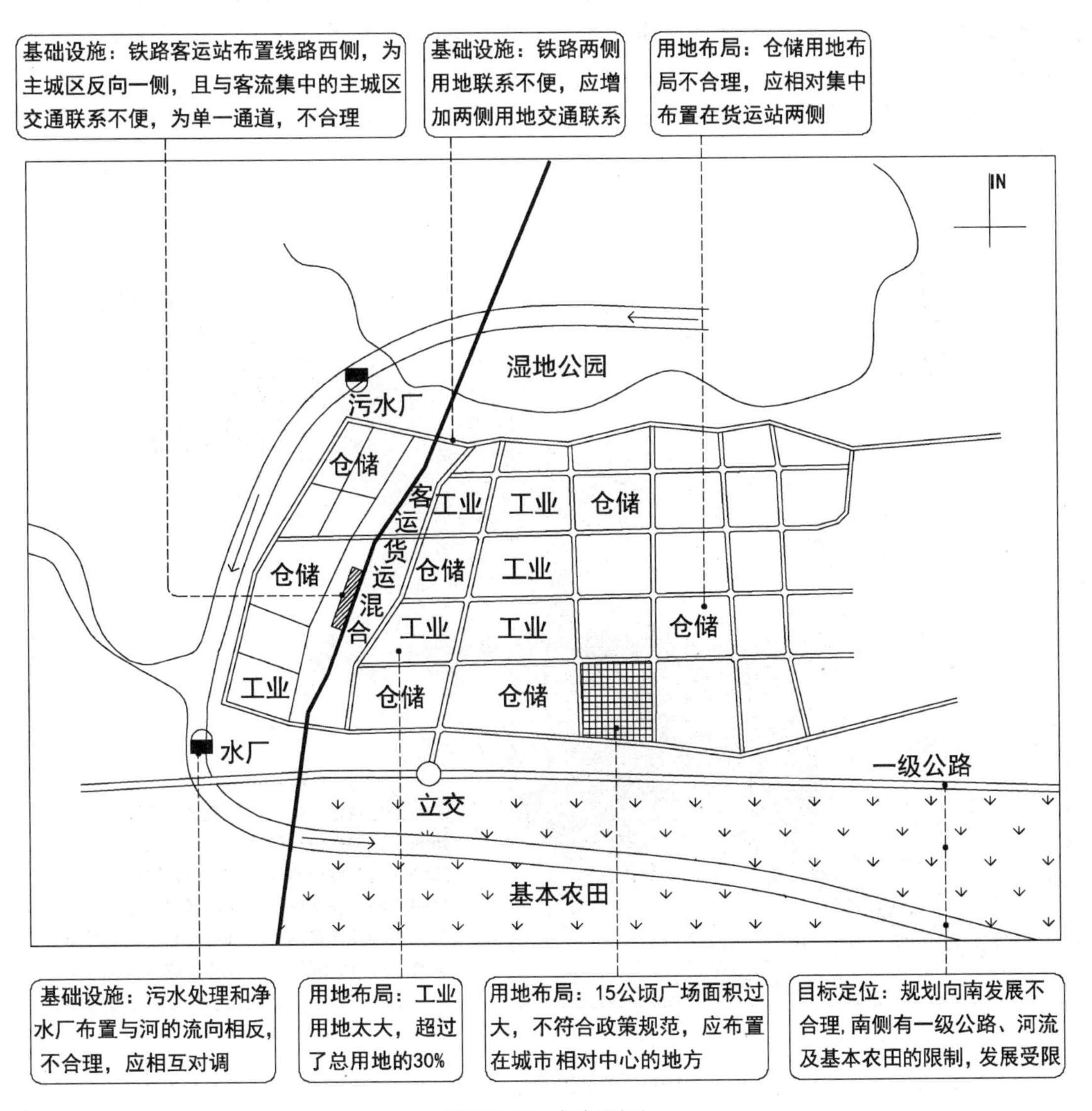

图 4-2-18 解析图示

2014-02. 试题二（15分）

北方某县生态环境良好、资源丰富。随着高速铁路、高速公路的规划建设，为该县产业升级、发展商贸物流业创造了条件。

县城位于县域中部的山间盆地，2012年底，县城常住人口14.7万人，城市建设用地15.6km²，人均建设用地106.1m²；经规划预测到2030年人口规模达到25万人左右，建设用地为27km²，人均108m²。

县城老城区继续完善传统商贸服务业；在老城区东侧依托高速铁路站规划建设高铁新区及高新技术产业基地；加强西南部已有传统产业园区的升级与更新，规划布局详见示意图。

请指出该总体规划在城镇规模、规划布局、道路交通等方面存在的主要问题并阐明原因。

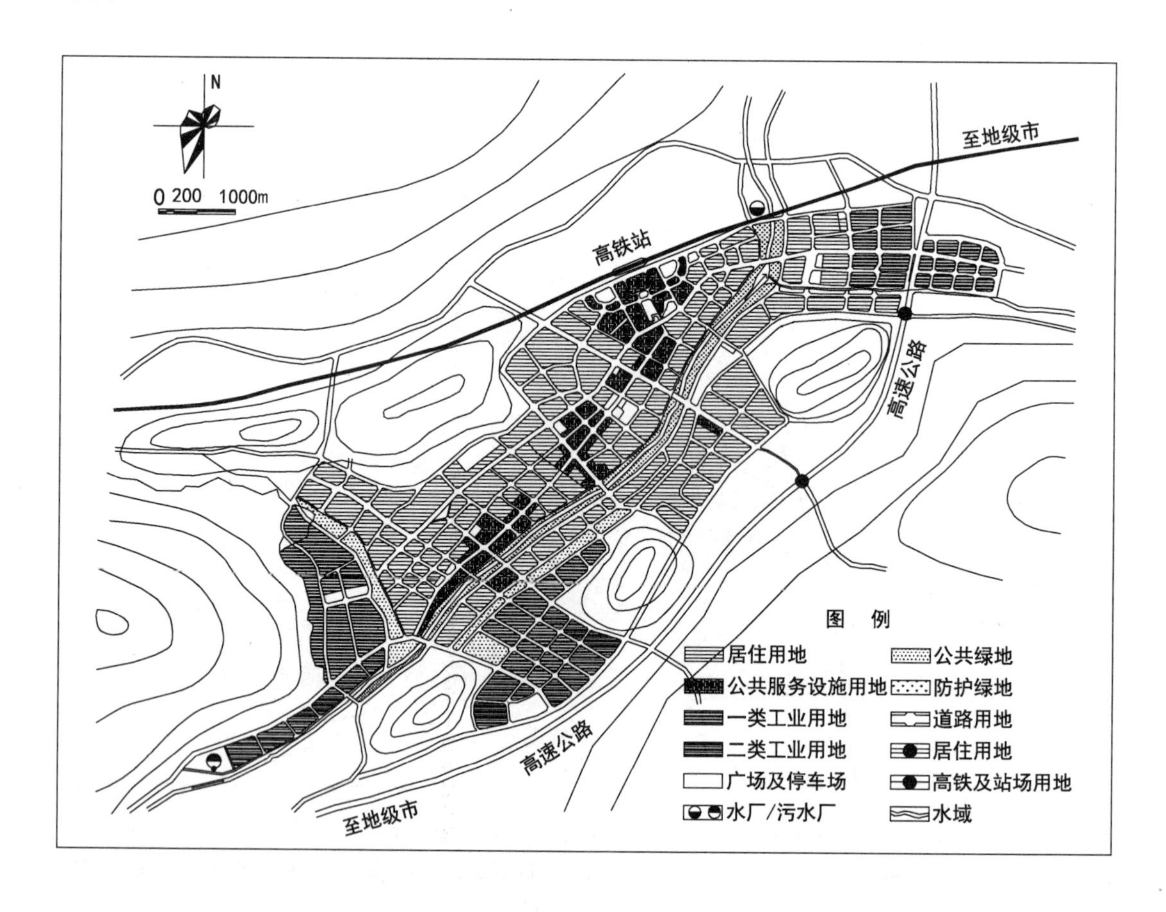

图4-2-19 某县城市总体规划示意图（2013—2030）

【答案】

1. 目标定位：

① 该城市为北方城市，对应国家气候区划属1、2气候区，根据《城市用地分类与规划建设用地标准》(2012版) 中相关规定，现状人均城市建设用地在105.1～115.0m^2之间的，根据规范允许调整的幅度为－15.0～－0.1m^2，而本案，由原来的106m^2增加到108m^2，不减反增，不符合规划技术标准的规定。

② 在城市南面还有建设发展余地的情况下，跨越高速公路发展东北角的城市建设用地不合理。

③ 依托高铁建设高新技术基地不当，县城无高校、科研机构，高铁站与高新产业无直接关系。

2. 用地布局：

① 根据城市风玫瑰图，三类工业用地位于城市主导风向之上风向不合理，影响城市生活，造成大气污染、粉尘污染。

② 三类工业用地与周边用地未设置防护绿地不合理。

③ 西南角工业用地内设置公共服务设施用地不合理。

④ 公共服务设施用地布局过于分散，且不沿主要交通发展轴线集中布局不合理。

3. 基础设施：

① 城市整体道路结构层级不清晰，主要干道密度偏小，次干道、支路密度过大，不合理。

② 南面城市干道部分路段穿越山体造成增加工程建设投资，不合理。

③ 高速公路背面的互通口没有城市主干道联系不合理，中部互通口联系中心城区的道路等级过低不合理，而西南工业区对外联系高速公路的主要道路没有设置立交互通不合理。

④ 城市互通交叉口距离过近不合理。

⑤ 污水厂设置在河流的上游不合理，自来水厂设置在城市河流的下游不合理，且污水厂同样处于城市主导风向的上风向，造成大气污染，影响城市生活。

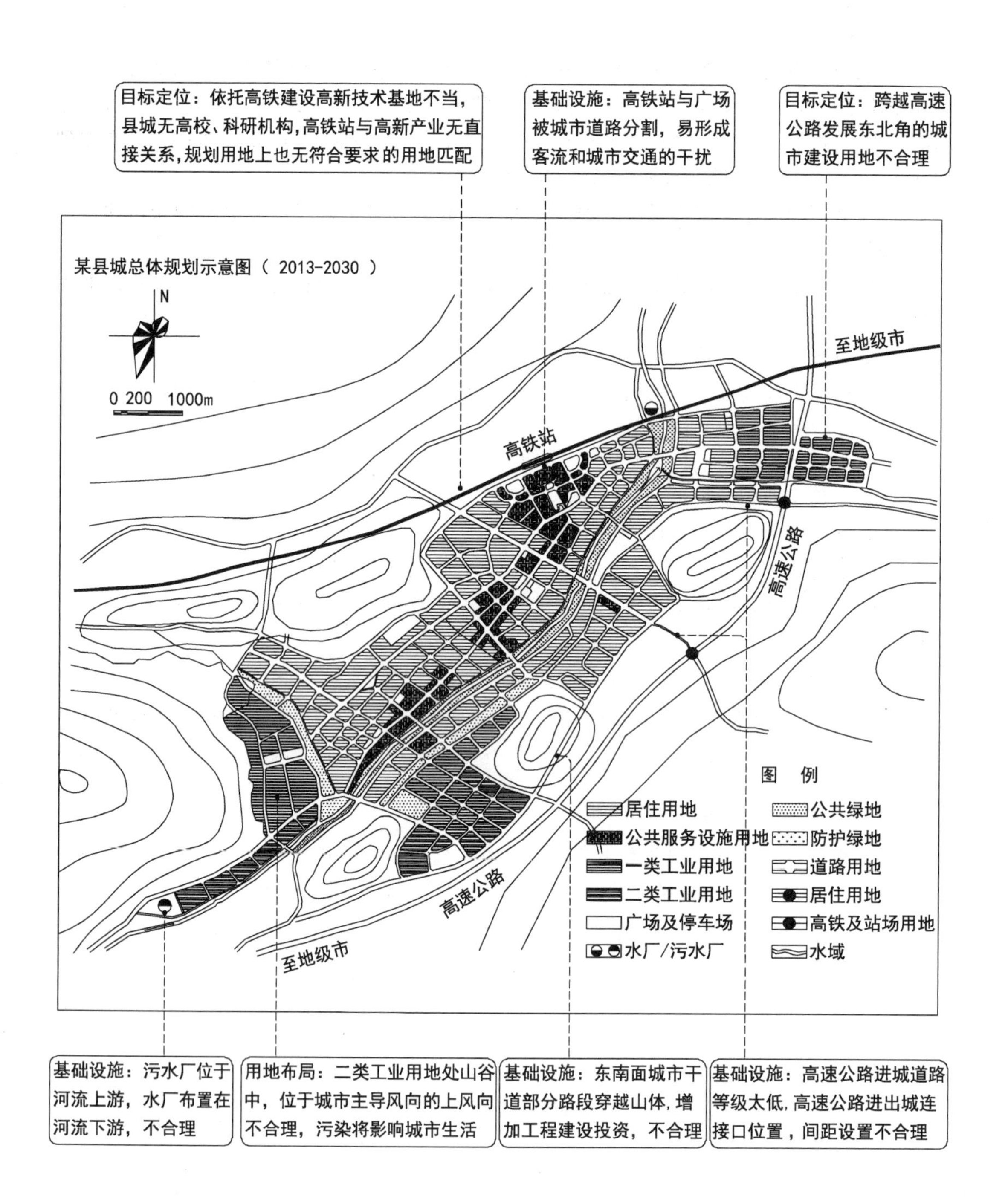
目标定位：依托高铁建设高新技术基地不当，县城无高校、科研机构，高铁站与高新产业无直接关系，规划用地上也无符合要求的用地匹配
基础设施：高铁站与广场被城市道路分割，易形成客流和城市交通的干扰
目标定位：跨越高速公路发展东北角的城市建设用地不合理
某县城总体规划示意图（ 2013-2030 ）
N
0 200 1000m
高铁站
至地级市
高速公路
高速公路
至地级市
图 例
居住用地
公共服务设施用地
一类工业用地
二类工业用地
广场及停车场
水厂/污水厂
公共绿地
防护绿地
道路用地
居住用地
高铁及站场用地
水域
基础设施：污水厂位于河流上游，水厂布置在河流下游，不合理
用地布局：二类工业用地处山谷中，位于城市主导风向的上风向不合理，污染将影响城市生活
基础设施：东南面城市干道部分路段穿越山体，增加工程建设投资，不合理
基础设施：高速公路进城道路等级太低，高速公路进出城连接口位置，间距设置不合理

图 4-2-20　解析图示

2017-01. 试题一

北方发达地区某县，地处平原，交通便利，南部与一特大城市接壤，县城西北部蕴藏有高品质、丰富的地热源。新编制的城市总体规划方案提出，2030 年县城总人口 65 万人，其中县城城镇人口 30 万人，建设用地 36km²，另外保留原有新兴产业示范区、物流产业园区、食品加工产业园区；在城镇建设用地以外新增北部、中部、南部 3 个产业园区，位置如图 4-2-21。同时，为满足市场的需求，在县城西北部利用温泉资源规划一处温泉别墅区。

【问题】该规划在上述几个方面存在问题，并说明理由。

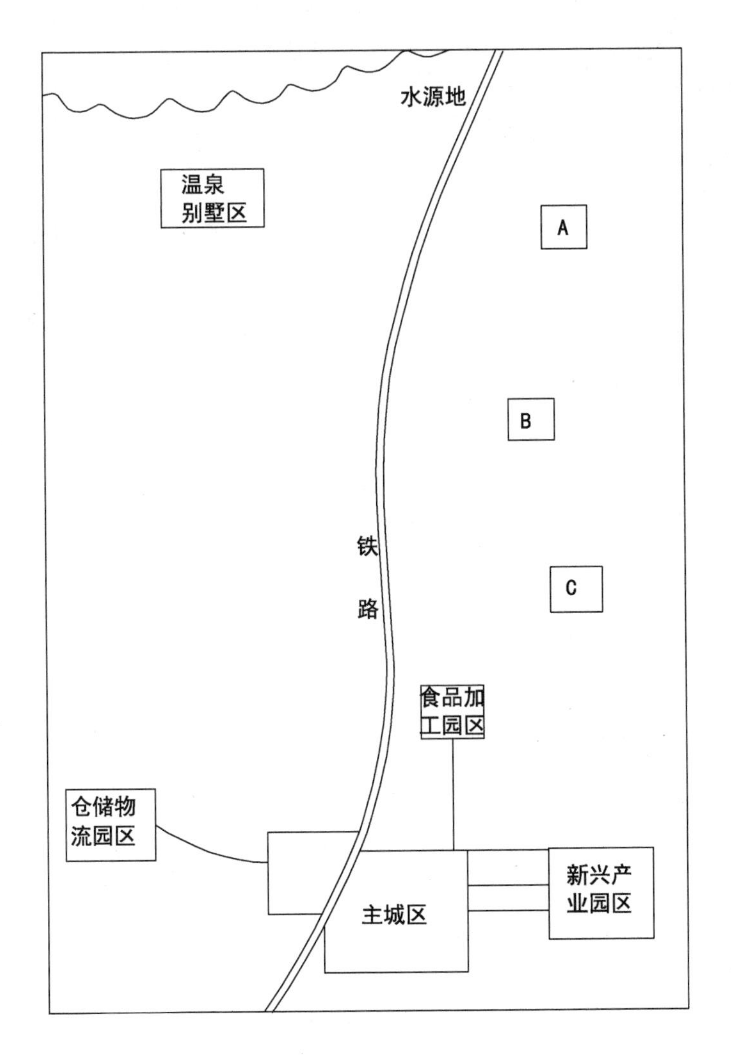

图 4-2-21 某县城市项目规划示意图

【答案】

1. 目标定位：

县城人均建设用地规模太大，违反了国家规定的《城市用地分类与规划建设用地标准》。

2. 用地布局：

① 不得在城镇建设用地之外规划产业园区，违反《城乡规划法》；

② 产业园区数量过多（分布分散），不利于土地集约利用及交通的合理组织；

③ 不得规划别墅类用地，违反了国家不得以任何形式规划别墅类用地的政策。

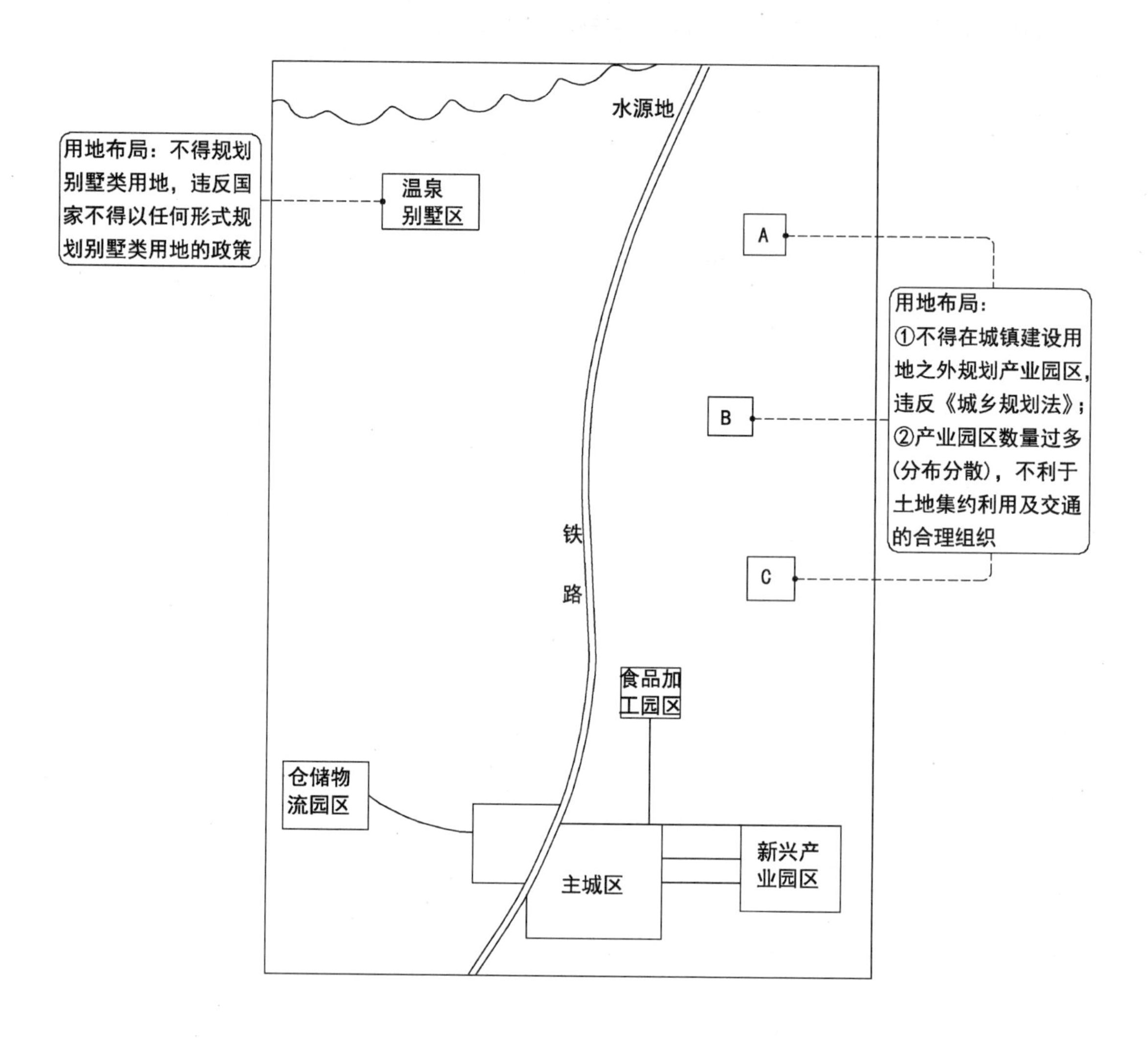

图 4-2-22　解析图示

2017-02. 试题二

图 4-2-23 为某县级市中心城区总体规划示意图，2030 年规划城市人口 21 万人，城市建设用地为 22km²，其中居住用地占城市建设用地的 45%，该市具有丰富的农业、林业资源，对外交通便捷，有河流绕城区流过，北部为山地林区，南部为基本农田，西部为荒地。

中心城区总体布局拟向西大力发展工业仓储，向南跨越国道建设现代居住新区。

试指出该中心城区总体规划方案的主要不合理之处，并简述理由及依据。

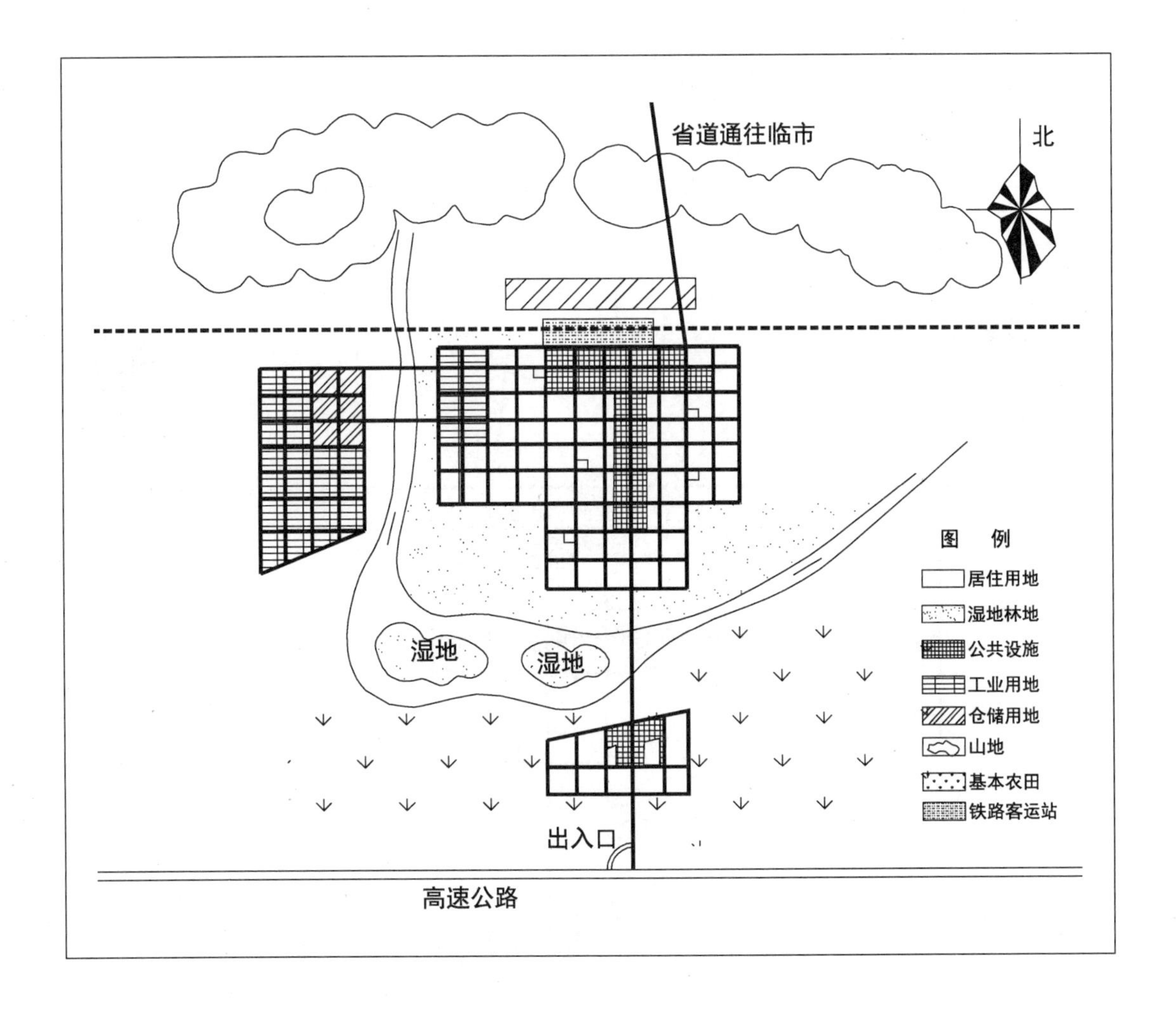

图 4-2-23 某县级市中心城区总体规划示意图

【参考答案】

1. 用地布局：

① 居住用地占比过大，超出 25%～40%的规定；

② 南部新城占用基本农田；

③ 城市结构分散；

④ 西部工业区功能单一，缺少相关配套设施。

2. 基础设施：

① 交通系统不合理；

② 西部工业区缺少与中心城区的道路联系；

③ 西部工业区缺少对外交通联系。

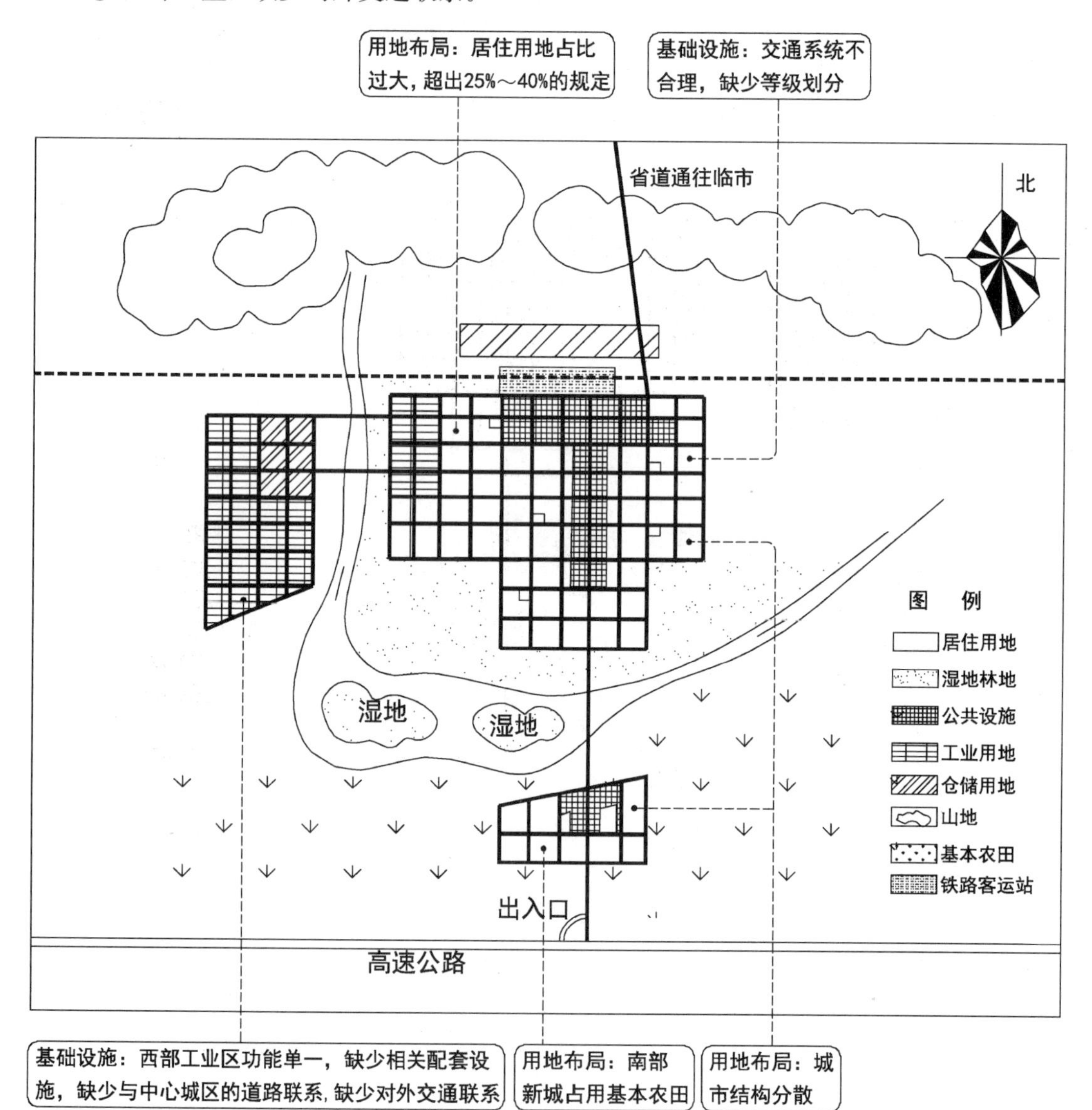

图 4-2-24 解析图示

第五章　修建性详细规划方案评析

第一节　要点概述

修建性详细规划方案评析要点　　表 5-1-1

要点	说　　明
布局结构	① 布局结构是否层次清晰，是否与周边环境衔接和协调。 ② 建筑空间组合是否有利于安全防卫、日照通风、防噪防尘、人际交往、休闲活动以及经营管理，并符合使用者的工作习惯和生活规律。 ③ 是否准确体现了地籍要求。 ④ 是否合理划分开敞空间和私密空间、满足动静分区的需要。
道路交通	① 道路网络是否层次清晰、分工明确，并与地形地貌紧密结合。 ② 主要出入口、交叉口是否与周边道路衔接。 ③ 道路设计是否满足人车分流等需求。 ④ 人行和自行车系统布局是否合理。 ⑤ 是否安排了足够的停车位。
建筑选型	① 建筑类别、体型、层数、高度、平面形式等是否与当地气候、历史文脉、民俗等相联系，是否符合人们的审美心理和行为心理。 ② 建筑设计是否与人的尺度结合，并体现多样、协调和可识别性的要求。 ③ 标志性建筑或构筑物的设置是否恰如其分。
环境塑造	是否通过景观界面、轮廓线、视线通廊、空间序列、节点和对景以及地形利用与土方平衡、多层次绿化和植物配置等手法塑造丰富多彩的景观环境。

第二节　教材实例与真题解析

实例 1. 某市居住组团修建性详细规划方案评析

图 5-2-1 为某市一个居住组团修建性详细规划方案。规划用地 9 万 m^2，规划住宅户数 800 户，人口约 3000 人。该地块西、北临城市次干路，东南两侧为支路，在地块外西南角为现状行政办公用地。根据当地规划条件要求，住宅建筑均为 5 层，层高 2.8m，日照间距系数不小于 1.4。该规划方案布置了 12 幢住宅楼及物业管理和商业建筑。结合组团出入口安排地面和地下停车场。

【问题】试评析该方案的优缺点。

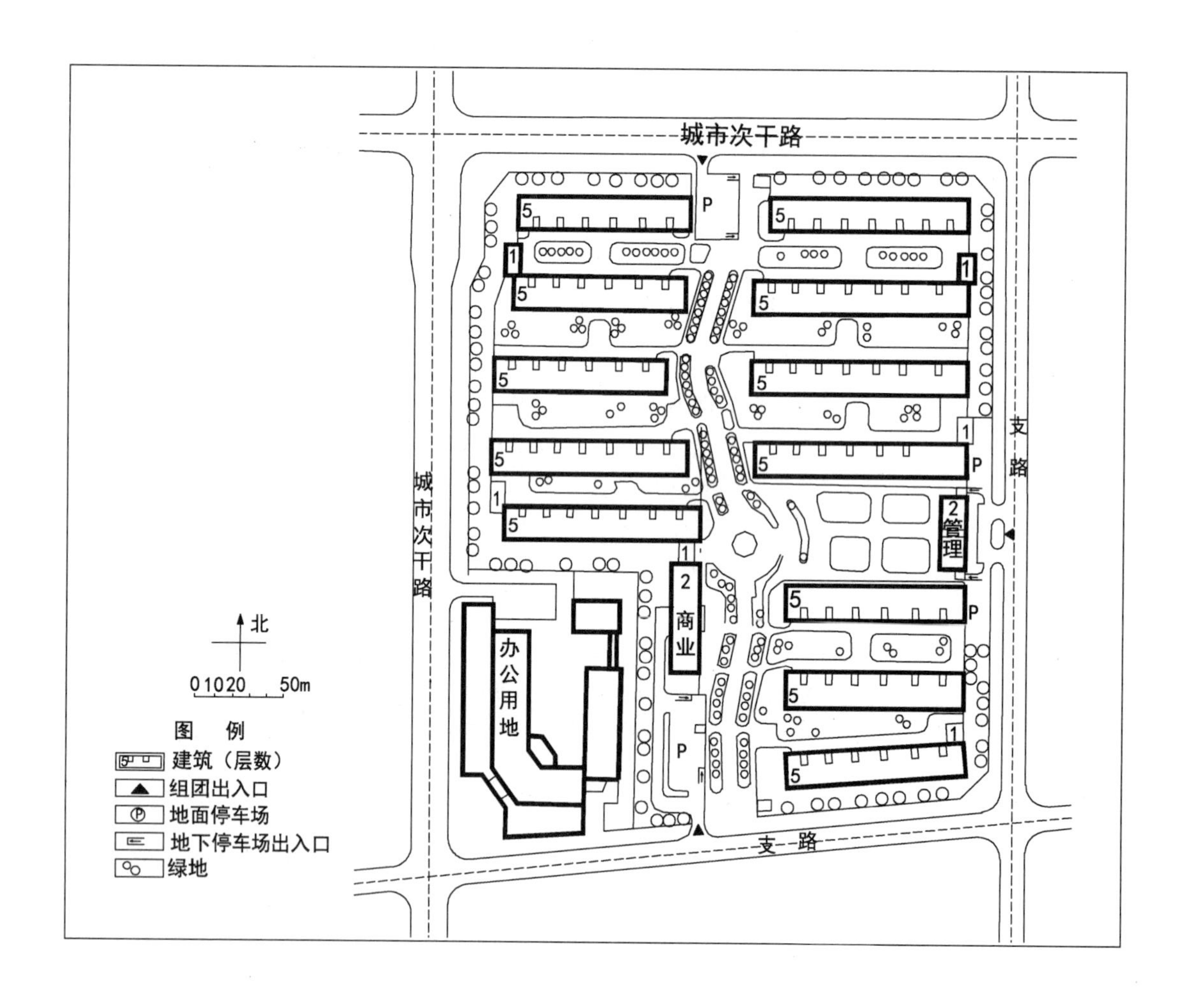

图 5-2-1　规划方案示意图

【答题要点】

1. 布局结构与环境塑造：用一条组团绿带串联每幢住宅，形成完整的组团内步行系统，方便居民利用，有利于良好居住环境的塑造。

2. 道路交通：停车场布置在组团出入口处，有利于人车分离，并且注重地面与地下停车相结合，有利于改善地面步行环境。小区出入口偏多，尤其是东入口人车有干扰。

3. 商业建筑布局：商业建筑与小区入口结合不理想，而且因其不临街，不利于充分发挥其商业价值。

4. 住宅建筑布局：所有住宅建筑均为南北向，朝向好。按住宅建筑均为 5 层计算，西南角和东南角两组住宅建筑的间距明显不足。

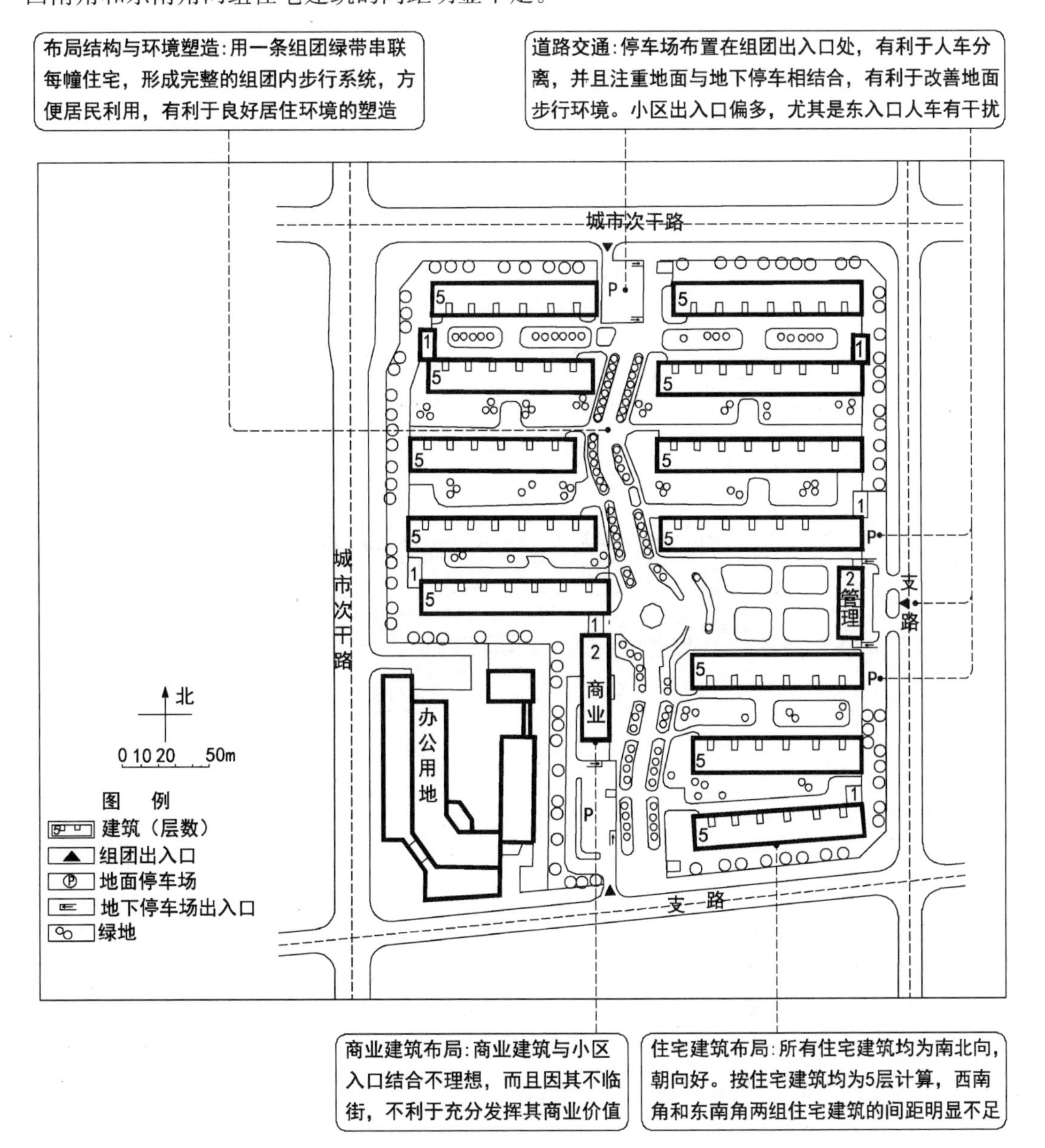

图 5-2-2 解析图示

实例 2. 某居住小区修建性详细规划方案评析

图 5-2-3 为某居住小区修建性详细规划方案。住宅建筑分为 4 个组团布置，其中，在东北组团北侧安排了 4 幢老年公寓。规划提出：①所有条式住宅之间的正面间距，均按冬至日照 1h 的日照标准计算；②宅间小路的路面宽度为 1.5m；③所有 6 层条式住宅和 8 层塔式住宅均不设电梯。

【问题】指出该方案的主要优点和存在的错误。

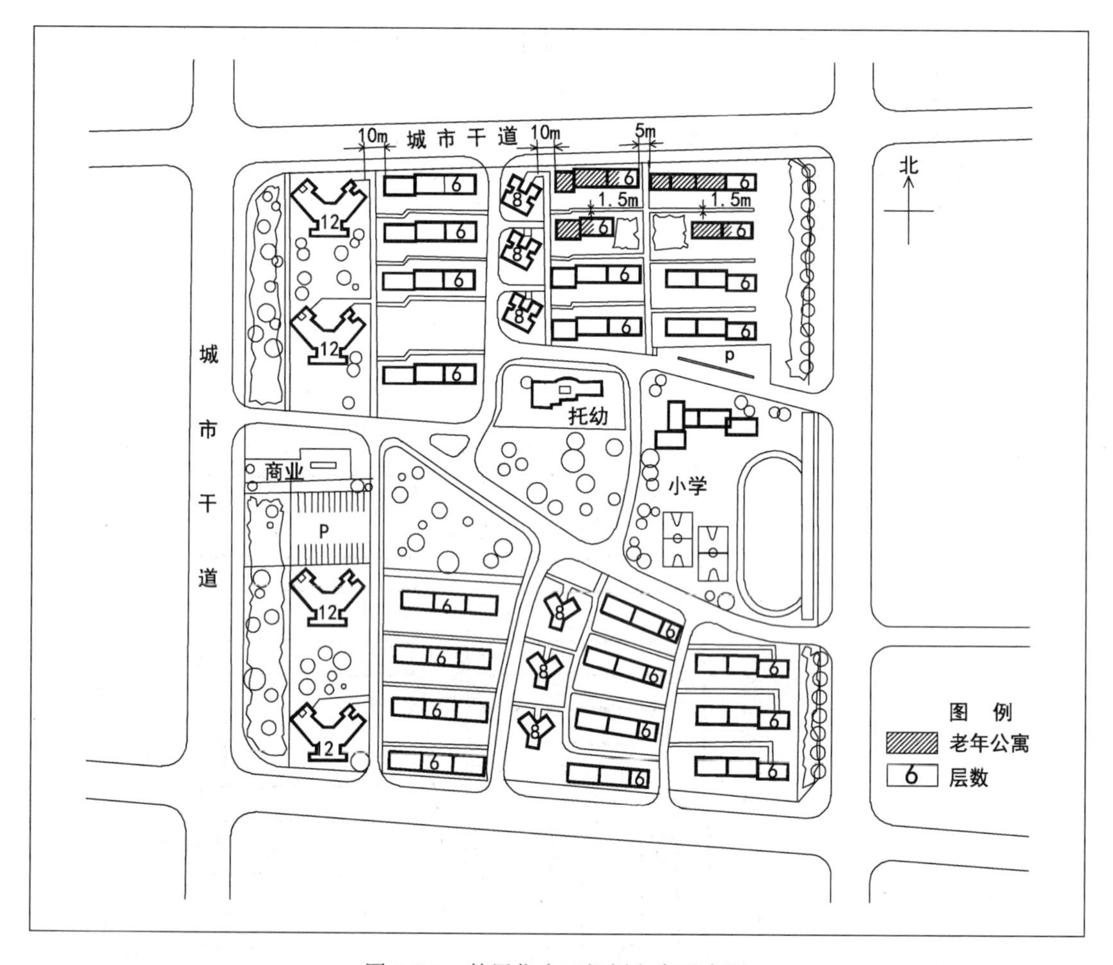

图 5-2-3　某居住小区规划方案示意图

【答题要点】

1. 主要优点：平面布局合理，小学、托幼和商业建筑安排恰当，空间层次丰富有序。临街住宅的出入口不直接开向城市干道是正确的做法。

2. 住宅建筑间距有错误：多层条式住宅侧面间距不宜小于 6m，多层条式住宅和高层住宅侧面间距不宜小于 13m；老年住宅建筑的日照标准不应低于冬至、日照 2h 的标准。

3. 小区道路断面有错误：宅间小路的宽度不应小于 2.5m。

4. 电梯设置：8 层塔式住宅和 6 层老年住宅均应设电梯。

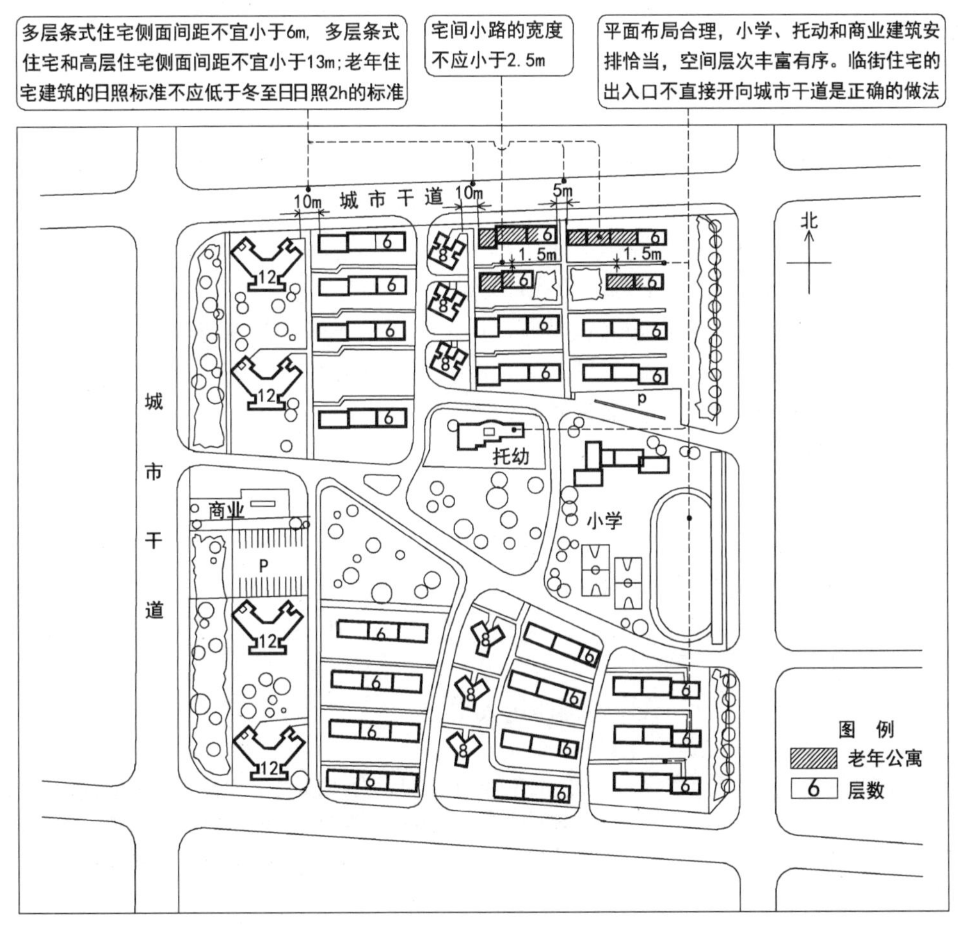

图 5-2-4　解析图示

2010-03. 试题三（15 分）

图 5-2-5 为北方某城市一居住区规划方案。根据规划设计条件要求，本地区以多层住宅为主，并设置小学、幼儿园、商业等配套设施；同时设置公交始末站一座，加油站一座。试分析该方案存在的主要问题。

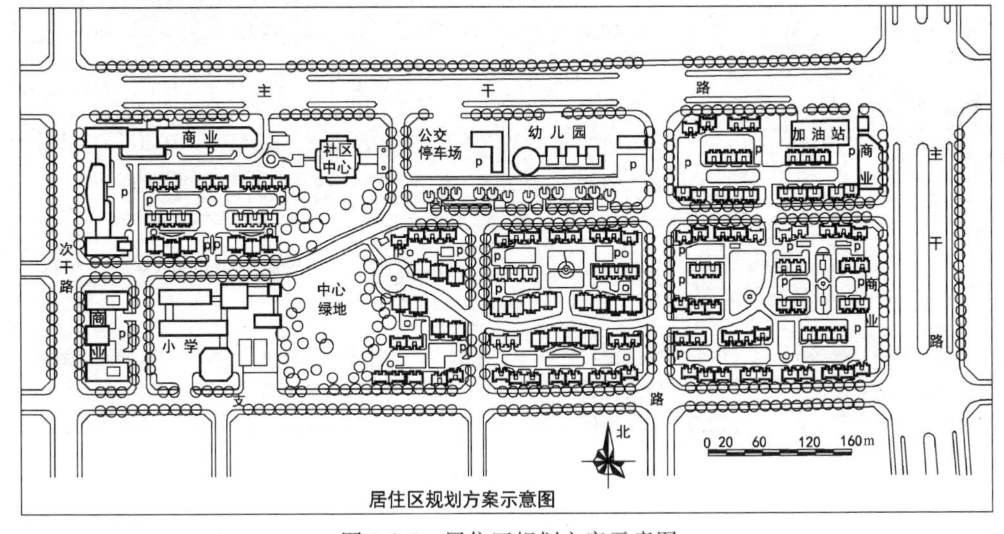

图 5-2-5　居住区规划方案示意图

【答案】

1. 总体结构：

① 小区等级结构不清晰；

② 中心绿地位置不当，与居住区结合较差，利用率低，不利于改善居住环境。

2. 公共设施：

① 加油站选址不当，应远离城市主干道交叉口，以免对交叉口交通流线造成更大干扰，加油站与住宅距离过近，不符合防火间距；

② 幼儿园选址不当，应靠近中心绿地，远离主干道及公交始末站、停车场；

③ 小学位置不当，服务半径不足，而且没有设置运动场地不符合规定；

④ 居住区级商业位置过偏，服务便利性差；

⑤ 社区中心有点偏，服务便性利性差。

3. 道路交通：

① 小区出入口过多，且不应开向城市主干道，个别开口离主干道交叉口过近。

② 首末站必须有严格分隔开的入口和出口。

③ 地面停车场过多（地面停车位不应超过总停车位 10%），对居住环境造成影响。

4. 消防：

① 东南角建筑超过 150m，应设消防出入口。

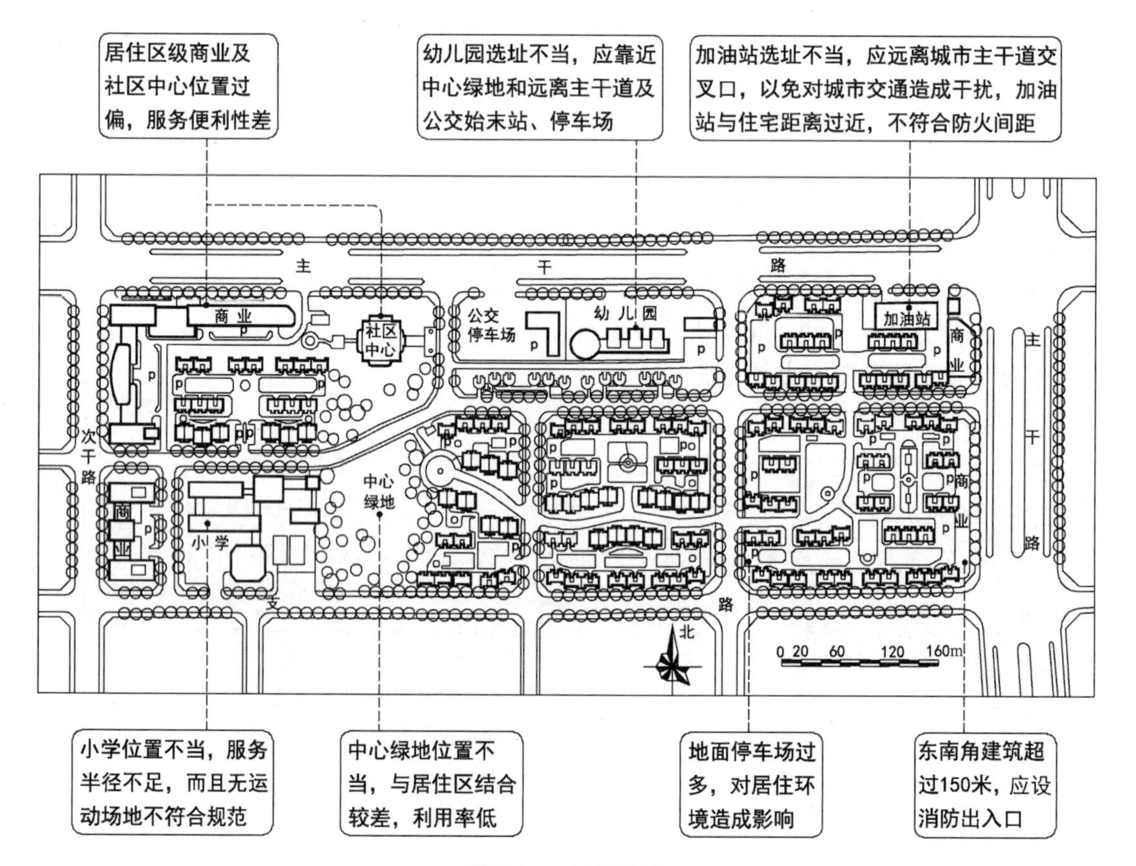

图 5-2-6 解析图示

2010-05. 试题五：（小区修详方案审查）（15 分）

某公司通过城市土地市场公开竞得了一块临河居住用地，用地面积为 19hm²，规划要求该小区容积率不大于 2.5，建筑日照间距系数为 1∶1.1，同时还应配建 30 班的小学及为该地区服务的变电站。现该公司提交方案报审（详见附图 5-2-7）。经初审，其住宅、商业及交通配套的规模符合要求。

试作为规划管理人员，说明还应从哪些方面对总平面方案进行重点审查，并指出存在的问题。

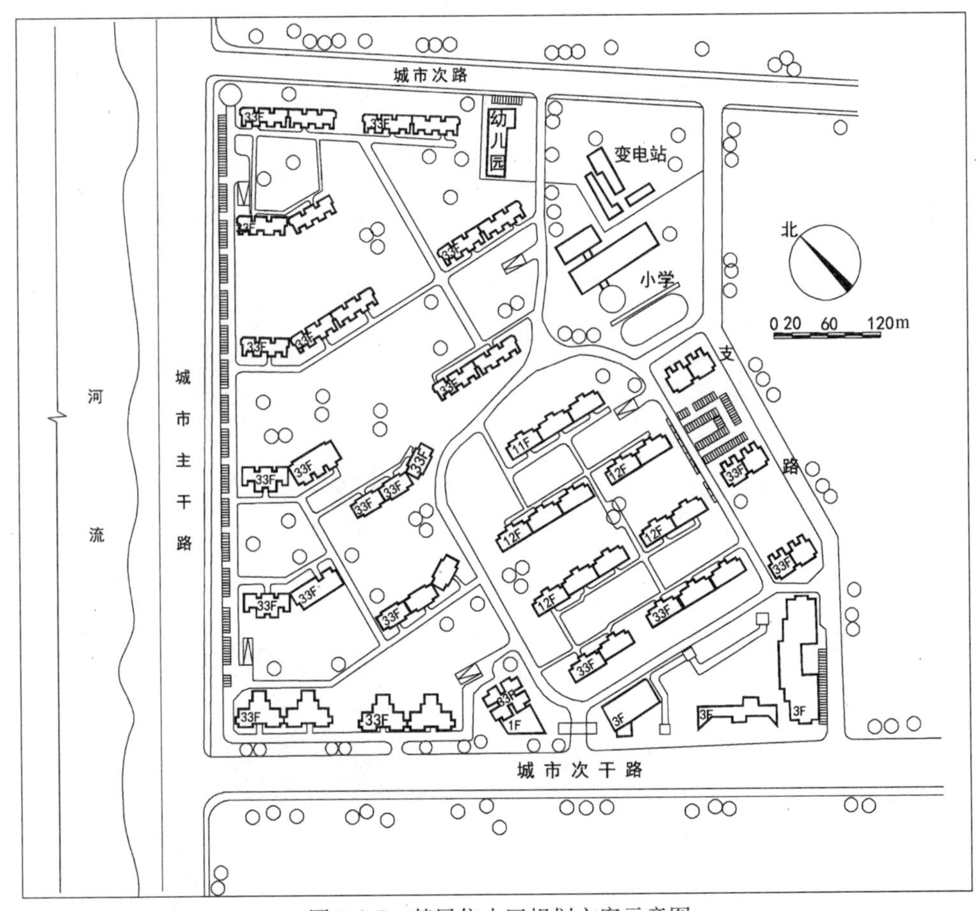

图 5-2-7 某居住小区规划方案示意图

【答案】

1. 强制性指标是否满足：

① 容积率审查是否超过 2.5；

② 绿地率、建筑密度、建筑高度审查；

③ 停车场、出入口审查；

④ 按日照规定审查日照分析是否符合规定；

⑤ 建筑退距是否符合消防要求，公共市政设施配建是否齐全。

2. 指导性规定：

① 退河道蓝线及建筑退线审查；

② 主干道防护审查存在的问题。

3. 存在的问题：

① 总体结构：组团结构不均，差距较大；建筑群体空间未充分利用河道景观；无中心公共绿地；

② 建筑布局：部分建筑日照间距不够；

③ 配套设施：幼儿园位置不当，服务半径不够，应远离变电站，靠近小区绿化中心；小学位置应远离变电站，运动场应避免东西向；

④ 道路交通：道路系统层级联系混乱，道路不畅、尽端路过长；地下车库出入口均离小区主路出入口较远，不便使用；小区开口太多，不便于管理；

⑤ 消防：建筑消防车道存在问题。高层建筑无消防登高面，尽端式道路无回车场。

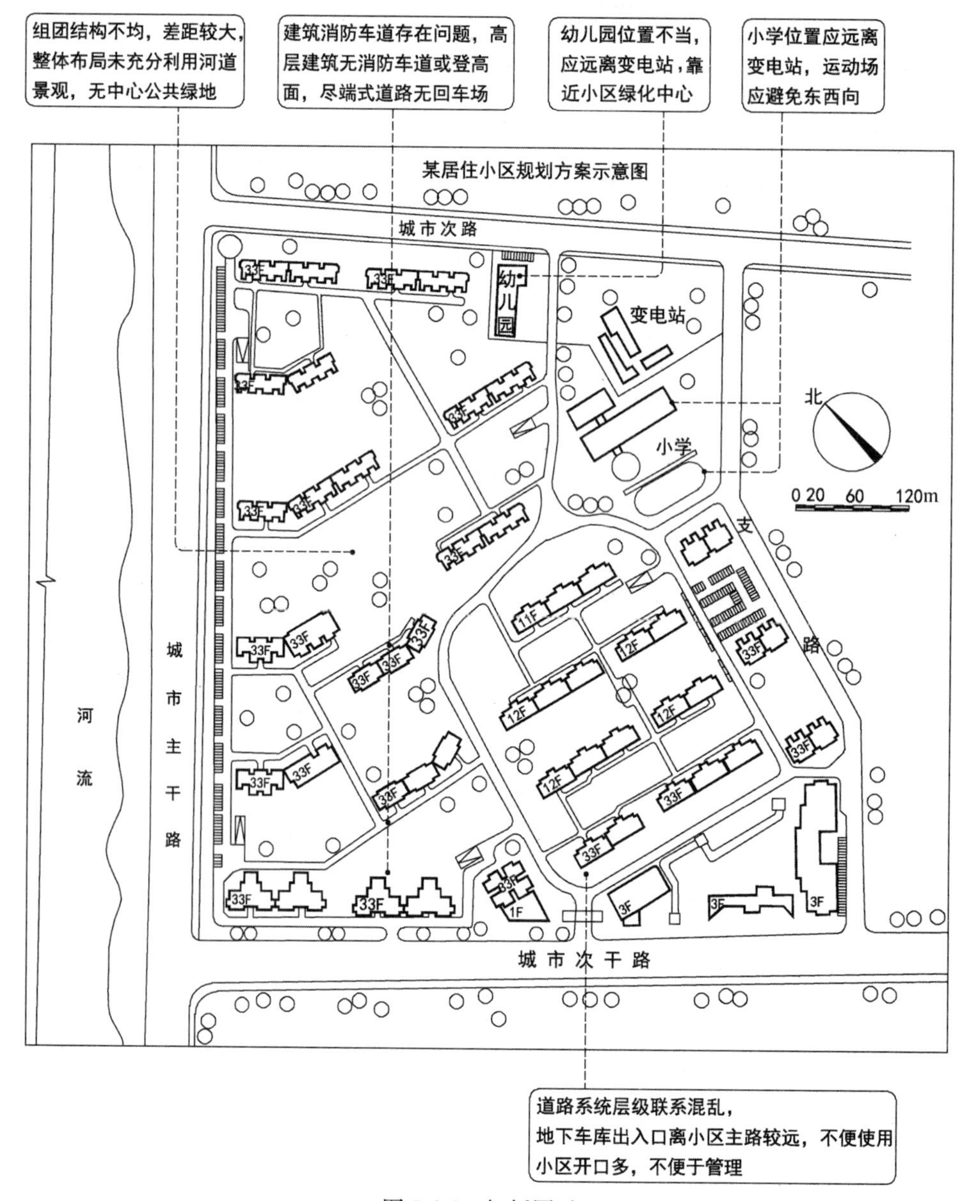

图 5-2-8 解析图示

2011-03. 试题三（15分）

图为北方寒冷地区某城市一居住小区规划，基地面积含代征道路用地共计 15.1hm²。用地北侧为城市快速路，东侧为主干路，南侧为次干路，西侧为支路。根据控制性详细规划，地段内配建幼儿园、小学各一座，以及一定数量的地区商业服务设施。当地日照间距系数为 1.7。规划方案中，住宅层高 2.7m，层数见图 5-2-9 所示。经评审，该方案环境良好、市政设施齐备。

试分析该方案存在哪些主要问题，并简述其理由。

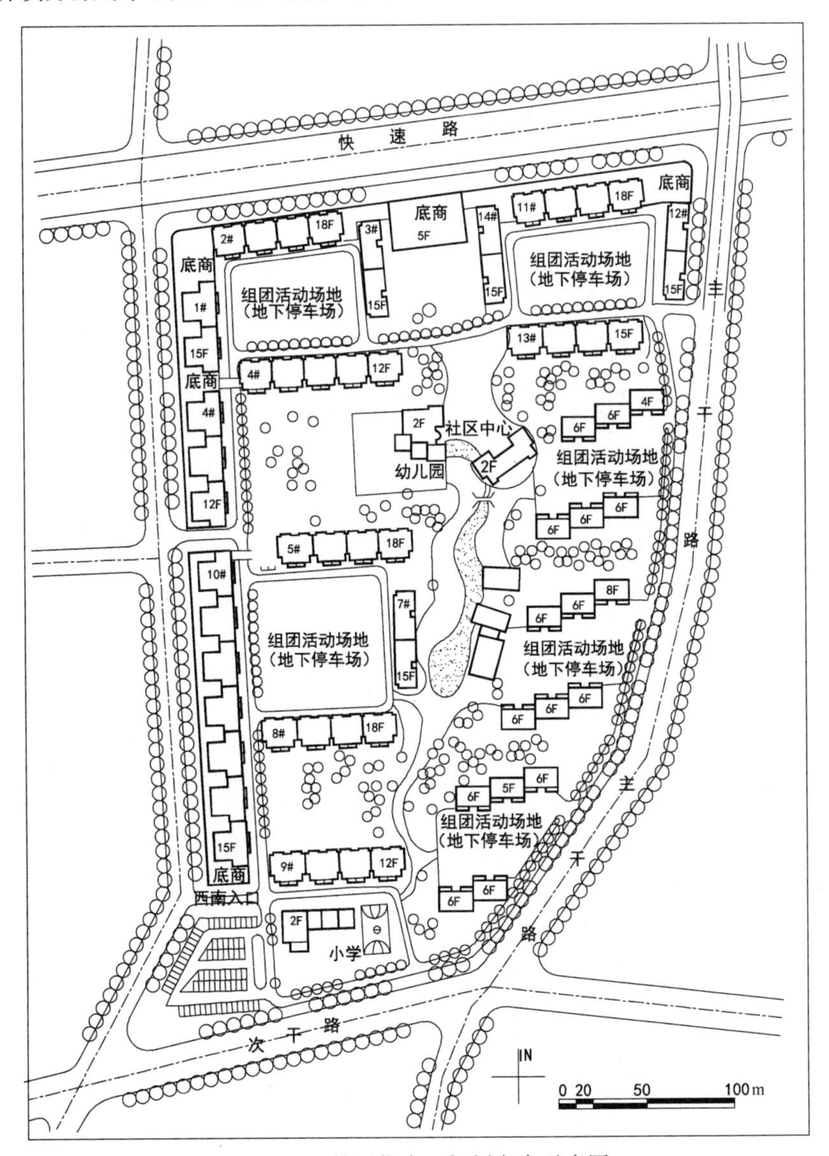

图 5-2-9 某居住小区规划方案示意图

【答案】

1. 建筑布局：

① 作为北方的小区，西侧沿街住宅朝向东西向过多，不合理；

② 西北角的建筑日照不满足相关规范要求。

2. 配套设施：

① 幼儿园的日照间距不够，且没有入口。幼儿园与水系直接相连，不符合相关规范要求；

② 小学位置太偏，没有田径场，且与西边的停车场出入有干扰，影响安全。

3. 道路交通：

① 快速路边上不宜有商业，影响交通，也不安全；

② 东入口离立交桥太近，不符合相关规范要求，不宜在主干道上设入口；

③ 小区没有人行入口，不符合相关规范要求；

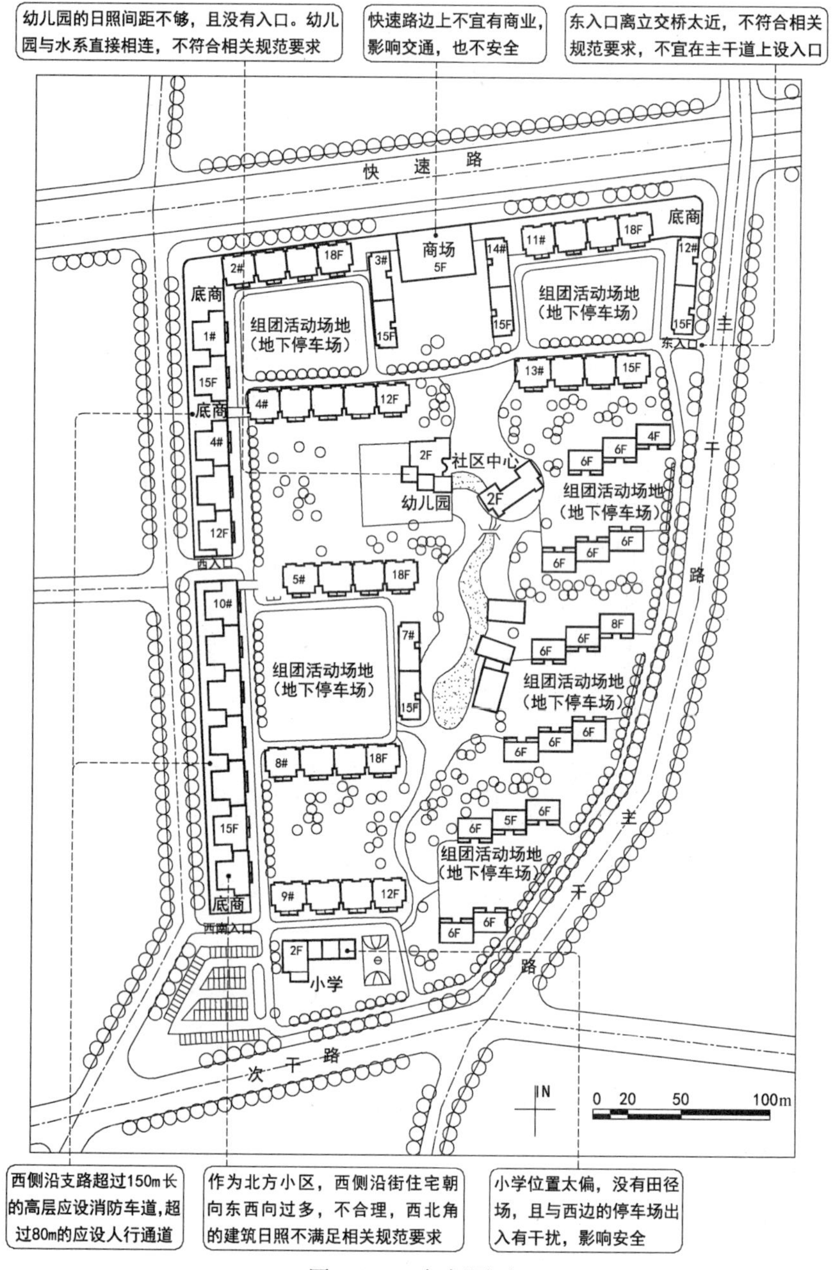

图 5-2-10　解析图示

④ 作为北方的小区，小区路不满足敷设供热管道的要求，不符合相关规定；

⑤ 西南入口距道路交叉口距离不符合相关规范的要求，且因为正对折线，视线有遮挡，影响安全；

⑥ 西入口正对丁字路口，影响安全。

4. 消防：

西侧沿支路超过 150m 长的高层应设消防车道，超过 80m 的应设人行通道。

2012-03. 试题三（共 15 分）

图 5-2-11 为某市大学科技园及教师住宅区详细规划方案示意图。规划总占地面积 51hm²。地块西边为城市主干道。道路东侧设置 20m 宽城市公共绿带。地段中部的东西向道路为城市次干道，道路的北侧为大学科技园区，南侧为教师住宅区。

科技园区内保留市级文物保护单位一处，结合周边广场绿地，拟通过文物建筑修缮和改扩建作为园区的综合服务中心。

教师住宅区的居住建筑均能符合当地日照间距的要求。设置的小学、幼儿园以及商业中心等公共服务设施和市政设施均能满足小区需要。

在规划建设用地范围内未设置机动车地面停车场的区域。均通过地下停车场满足停车需求。

【问题】试问，该详细规划方案中存在哪些主要问题，为什么?

图 5-2-11　某市住区详细规划方案示意图

【答案】

1. 地块内道路不宜向西侧城市干道开口，影响干道交通功能；

2. 主干道东侧规划 20m 宽绿带不应占用；

3. 北侧科技园片区，保留建筑两侧的道路之间距离过小，且与次干道南侧两条南北向道路形成三个连接的错位丁字路口，交通流线复杂；

4. 住宅区道路笔直，开口较多，小区分割严重，且侵占城市公共绿地，易形成大量“过境”交通，小区非常开敞，管理不利，分割严重，辨别性差；

5. 未实施人车分流，地下车库出入口直接开向城市主干道，明显不合理；

6. 应采取地面停车与地下停车相结合的形式；

7. 市级文物保护单位应保护，划定紫线，禁止改变文物建筑用途；

8. 住宅区无集中的公共中心和公共服务中心；

9. 幼儿园不宜临干道布置；

10. 公共绿地对住宅区的服务性不好。

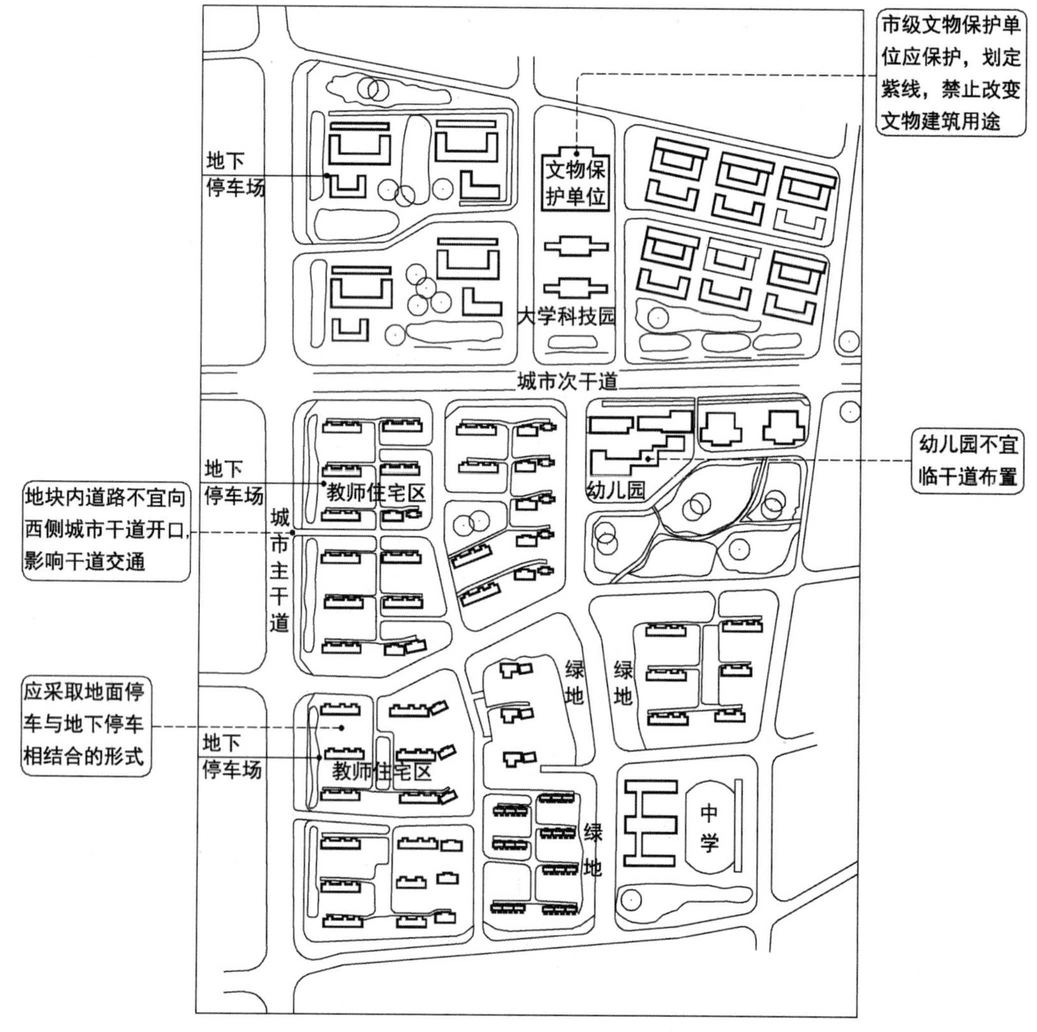

图 5-2-12 解析图示

2014-03. 试题三（15 分）

图 5-2-13 为中国北方某城市一个居住小区规划，基地面积含代征道路用地共计 15hm²。用地西侧为主干路，北侧为次干路，南侧和东侧为支路，用地内为高层住宅；沿东侧支路设置商业配套设施；另设片区中心小学一所和全日制幼儿园一所，市政设施齐全；地段内还有一处省级文物保护单位。居住小区采用地下停车，车位符合相关规范。地段规划建筑限高 45m。当地住宅日照间距系数约为 1.3。规划住宅层高 2.95m，层数见图 5-2-13。

试分析该方案存在的主要问题及其理由。

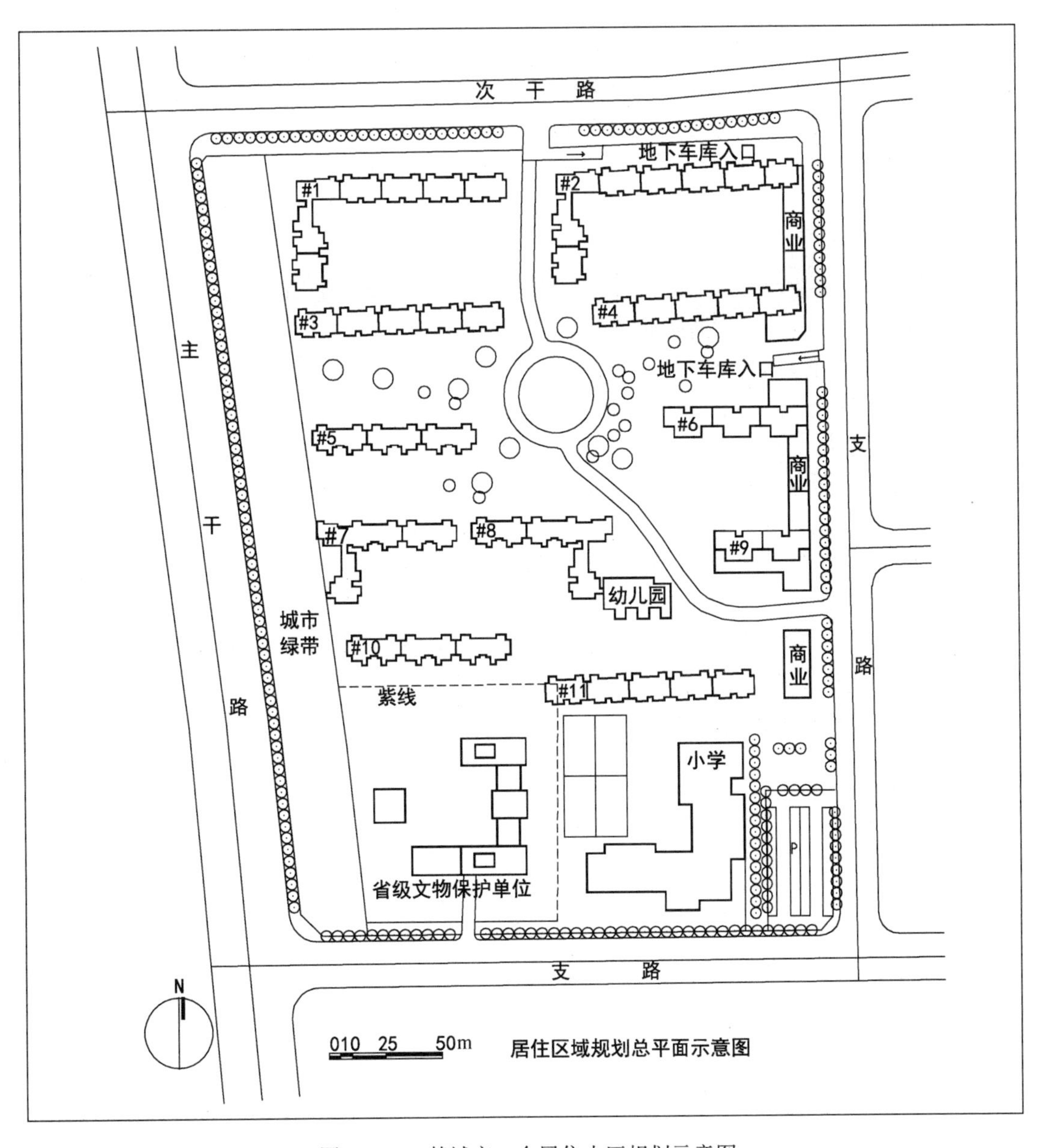

图 5-2-13　某城市一个居住小区规划示意图

【答案】

1. 住宅及布局：

① 北侧2号楼16层（高度47.2m>45m）建筑高度不符合规划限高要求。

② 7号、8号建筑间距不够（小于13m），不满足消防要求。

③ 7号与10号建筑间距不满足日照系数1.3的要求。

④ 1号、2号、7号东西向住宅不满足日照规定，北方地区东西向建筑布局本就不利于采光，且方案中东西向建筑间距不满足规定，被南侧建筑遮挡。

⑤ 2号、4号建筑沿街长度超150m不设人行消防通道，不合理。

⑥ 1号、3号围合组团总建筑长度超过220m，未设置4m×4m消防通道；西侧临街建筑总长度超过150m，未设置4m×4m消防通道，超过80m未设置人行通道。

⑦ 建筑后退城市道路红线、绿线距离未标示，商业建筑及部分高层住宅建筑退界不符合规定；11号建筑侵占省级文物保护单位紫线，不符合相关保护政策要求。

⑧ 缺乏绿化景观设计，缺少一个完整的中心公共绿地，同时小区绿地被内部道路影响使用，不合理。

2. 交通设施：

① 小区内部道路系统不完善，缺少贯穿的小区级道路、组团联系的组团路以及进户的宅间路，小区道路不满足消防通道的要求。

② 小区对外停车场临近小学不合理，对学校有较大干扰。

③ 地下车库出入口直接开向城市道路不合理，北面的地下车库出入口与小区出入口存在人车交通混杂，不合理。

3. 居住公共服务设施：

① 幼儿园与住宅建筑直接相连不合理，应独立设置。

幼儿园日照受11号住宅遮挡，不满足日照要求。

幼儿园没有南向活动场地，不合理。

② 小学与停车场距离太近，在安全性及噪声污染方面对小学有影响，不合理。

小学运动场地距离11号住宅太近，影响居民生活不合理。

小学没有200m田径运动场。

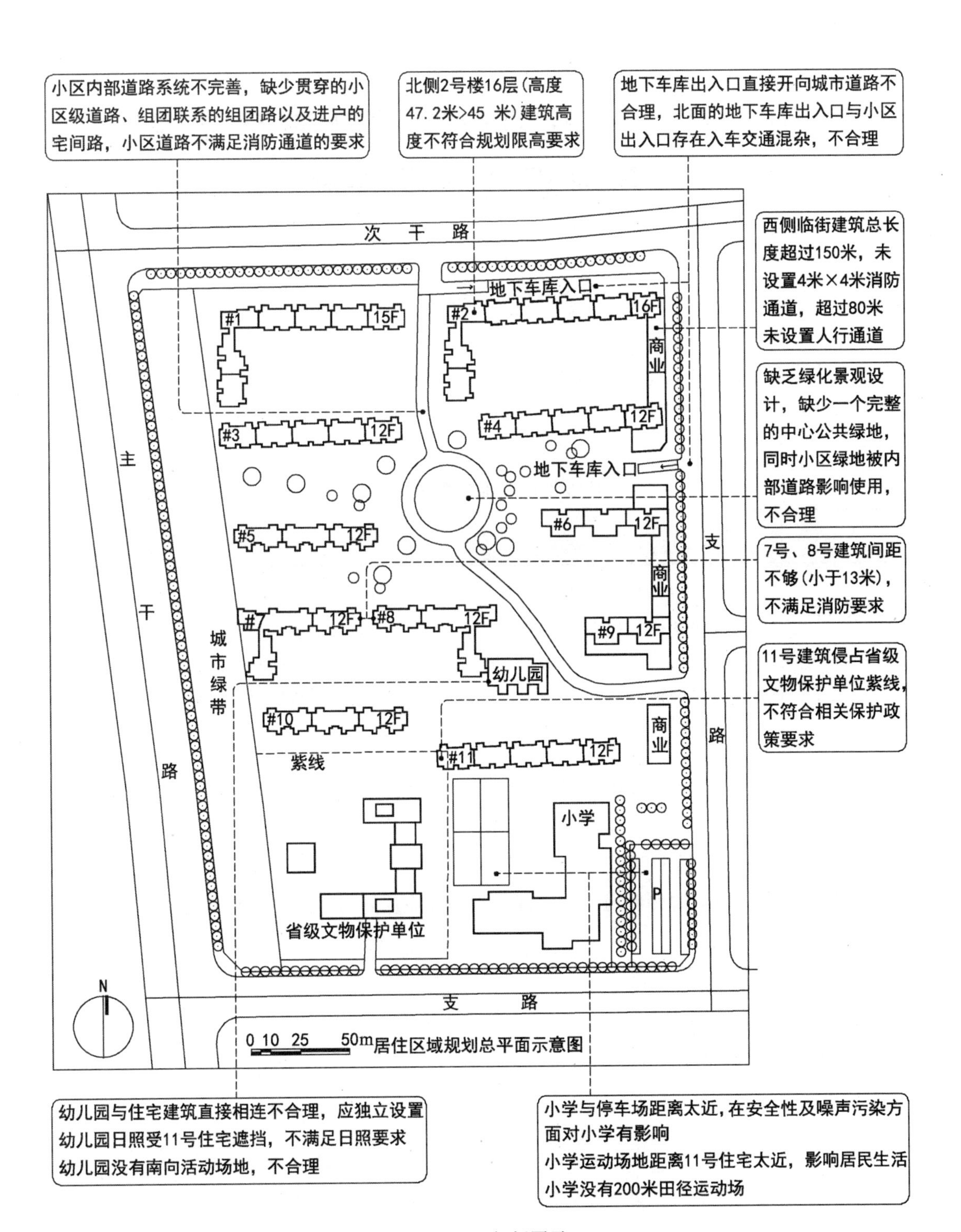

小区内部道路系统不完善，缺少贯穿的小区级道路、组团联系的组团路以及进户的宅间路，小区道路不满足消防通道的要求
北侧2号楼16层(高度47.2米>45 米)建筑高度不符合规划限高要求
地下车库出入口直接开向城市道路不合理，北面的地下车库出入口与小区出入口存在入车交通混杂，不合理
西侧临街建筑总长度超过150米，未设置4米×4米消防通道，超过80米未设置人行通道
缺乏绿化景观设计，缺少一个完整的中心公共绿地，同时小区绿地被内部道路影响使用，不合理
7号、8号建筑间距不够(小于13米)，不满足消防要求
11号建筑侵占省级文物保护单位紫线，不符合相关保护政策要求
次 干 路
主 干 路
支 路
支 路
城市绿带
地下车库入口
地下车库入口
#1
15F
#2
16F
商业
#3
12F
#4
12F
#5
12F
#6
12F
商业
#7
12F
#8
12F
#9
12F
幼儿园
#10
12F
#11
12F
商业
紫线
小学
P
省级文物保护单位
N
0 10 25 50m
居住区域规划总平面示意图
幼儿园与住宅建筑直接相连不合理，应独立设置
幼儿园日照受11号住宅遮挡，不满足日照要求
幼儿园没有南向活动场地，不合理
小学与停车场距离太近，在安全性及噪声污染方面对小学有影响
小学运动场地距离11号住宅太近，影响居民生活
小学没有200米田径运动场

图 5-2-14 解析图示

第六章　建设项目选址及道路交通专项规划方案评析

第一节　要点概述

建设项目用地规划选此方案的评析主要以选址条件分析为主，这项工作主要在项目立项阶段的规划选址过程中使用。涉及与项目紧密相关的专业知识，以及环境、交通及安全影响评价等专业知识。

建设项目选址方案评析要点　　**表 6-1-1**

内容	说　明
需求分析	是否根据项目的特点全面分析了项目所需的区位条件、环境条件、交通及市政支撑条件，以及服务半径、服务人口、安全距离等特殊要求
供给分析	是否全面梳理满足项目需求的存量用地的供给条件，包括地形地貌、水文地质、建设现状、土地权属、面积及形状等
方案比选	是否在需求和供给分析的基础上进行了必要的多方案比选，包括各影响要素的权重分析、优缺点比较、实施管理难度比较等

道路交通规划方案的评析通常为局部地段的交通规划与道路设计有关内容。

道路交通规划方案评析要点　　**表 6-1-2**

内容	说　明
规划依据	是否符合上层次规划和落实交通发展目标
技术标准	是否符合相关技术标准和规范，并与当地实际相结合
路网布局	不同层级道路体系的组织是否合理，与地块功能是否进行了衔接。车行与人行以及动态交通与静态交通的矛盾是否得到妥善处理
实施措施	是否针对现状问题和实施条件提出了有效的解决方案和措施

第二节　教材实例与真题解析

实例 1. 某市政设施的选址方案评析

图为我国南方某市近郊的一块多边形用地，面积约 80hm²，周边为已建城市主、次干路。按照分区规划的要求，应将其规划为一个可容纳 4 万人左右、分设为 3 个居住小区的居住区，并附设城市公共加油站 1 处（用地面积为 1200m²）。

规划设计人员据此结合居住区配套公建的分布，小区公建分布和住宅组团、绿地系统、道路系统等的综合布置进行研究，提出了如图所示的居住区和小区主路的路网结构规划方案及城市公共加油站的选址。

【问题】该规划及选址方案的主要优缺点。

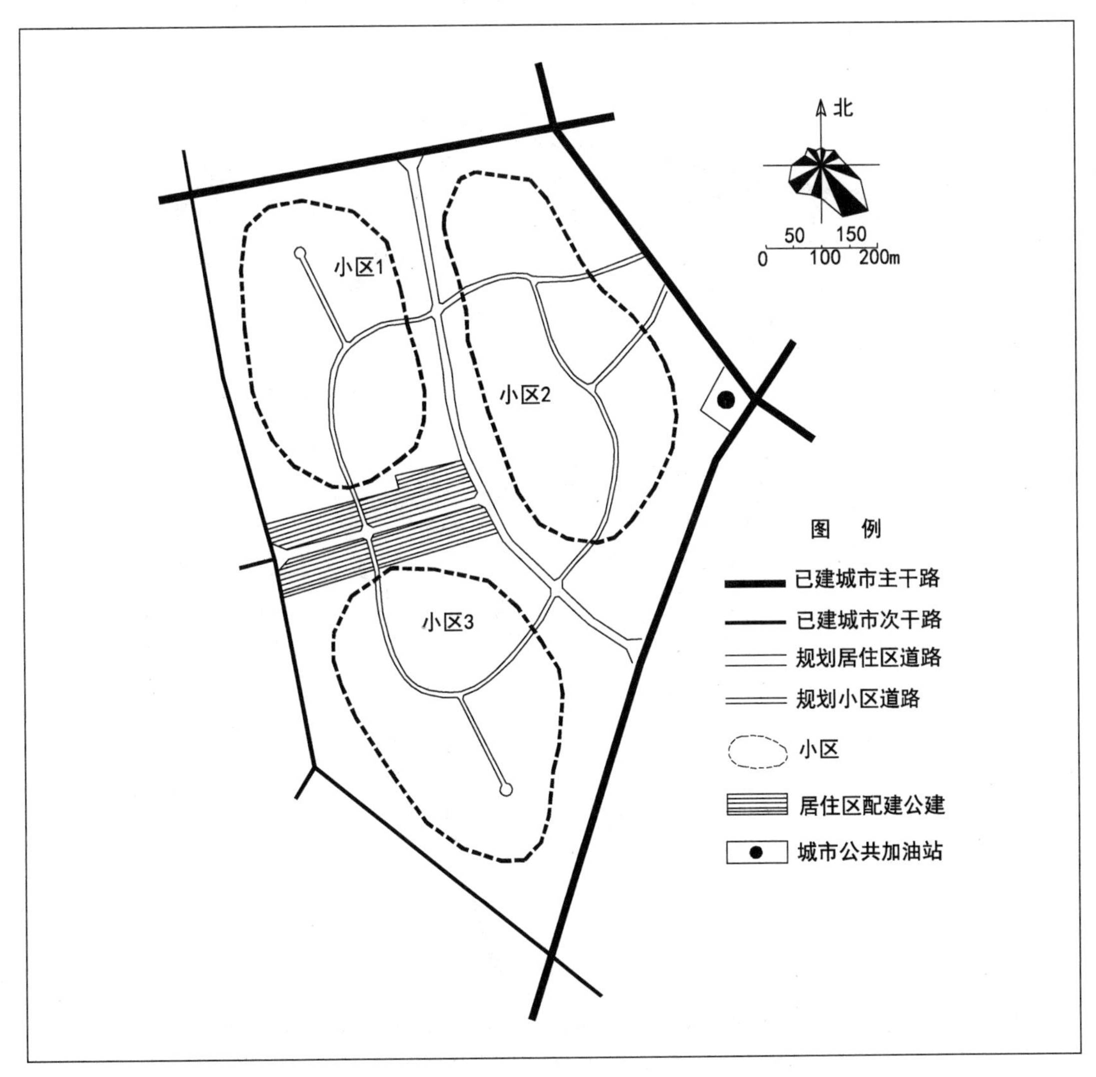

图 6-2-1　某市政设施的选址方案

【答题要点】

1. 优点：

① 居住区道路和小区主路的主要走向顺应了城市主导风向，成为居住区良好的通风走廊；

② 小区主路沟通了 3 个小区，联系方便。

2. 缺点：

① 2 号小区的两条主路不宜直接向城市主干路开口，且两个机动车道对外出口间距小于 150m；

② 1、3 号小区内的尽端式道路不应规划为小区主路，且长度均超过 120m；

③ 城市公共加油站不宜沿城市主干路布置。

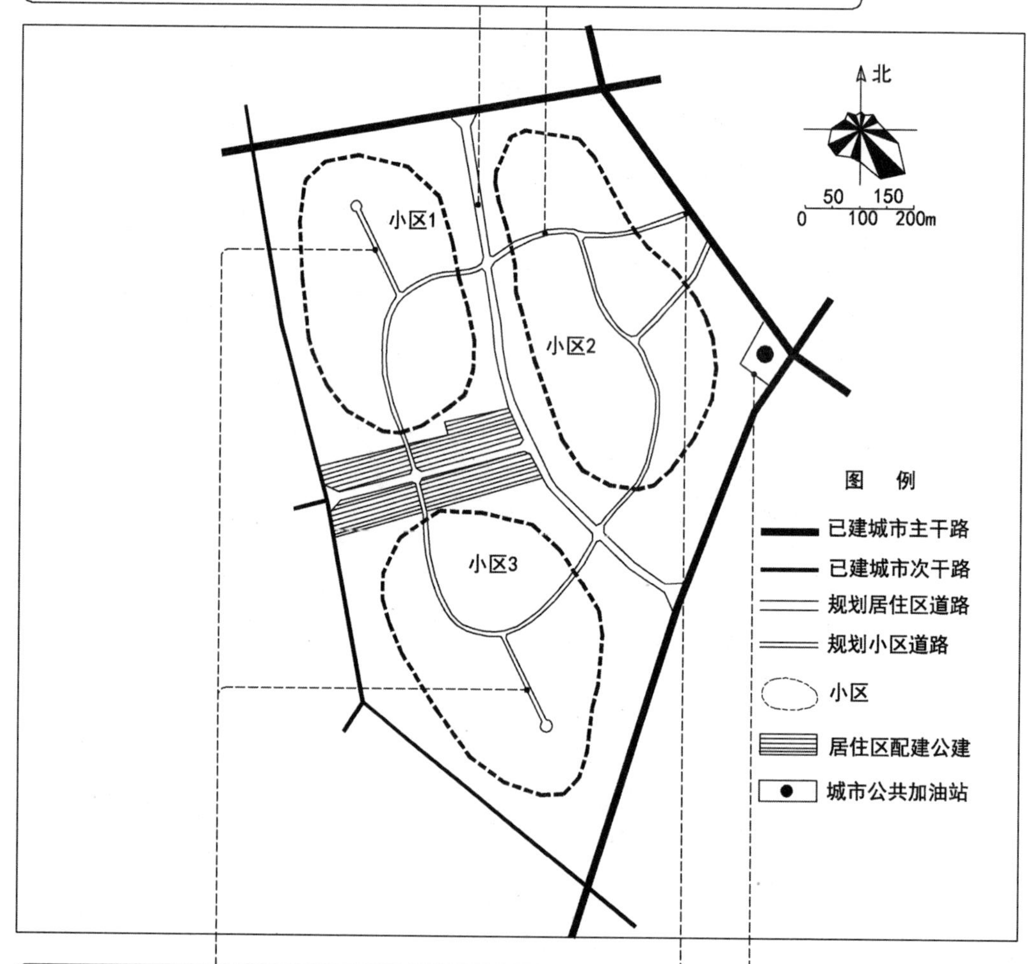

图 6-2-2　解析图示

实例 2. 某公共服务设施的选址方案评析

某大城市外围规划一处大型居住用地，并拟建城市主、次干路及地铁线路服务于该地区（车站位置如图 6-2-3 所示）。规划居住区内的路网系统相对独立，在交通性干道的北侧配套建设一个大型超市。

【问题】规划中道路交通及大型超市布局的不合理之处。

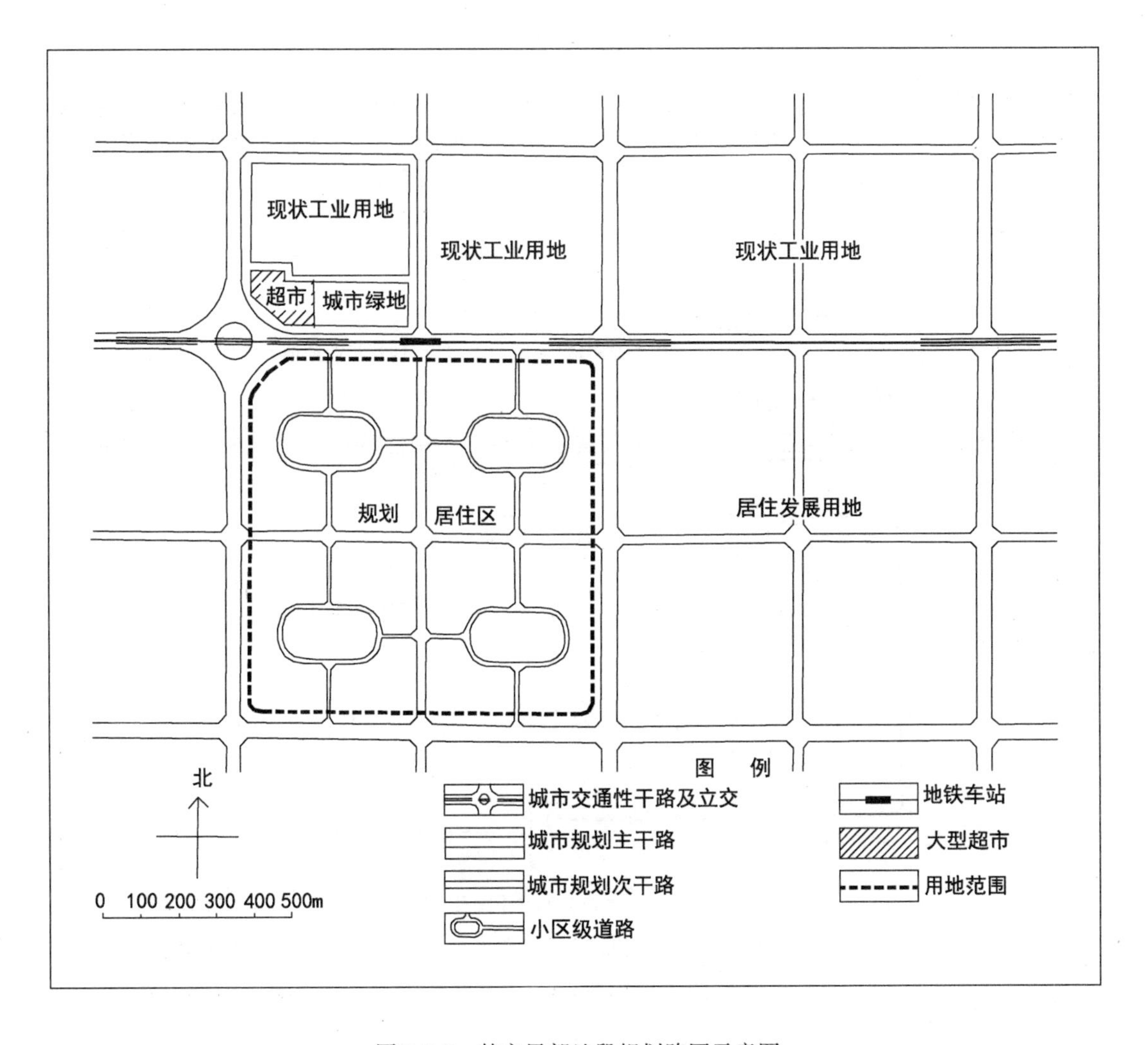

图 6-2-3　某市局部地段规划路网示意图

【答题要点】

1. 地铁线路不应设置在城市交通性干道下。

2. 规划的南北向次干路不应与交通性干道直接相连。

3. 小区出入口不应设置在交通性干道及主干路上。

4. 大型超市布局不合理：紧临交通性干道和主干路的立交口，与地铁车站结合不合理。

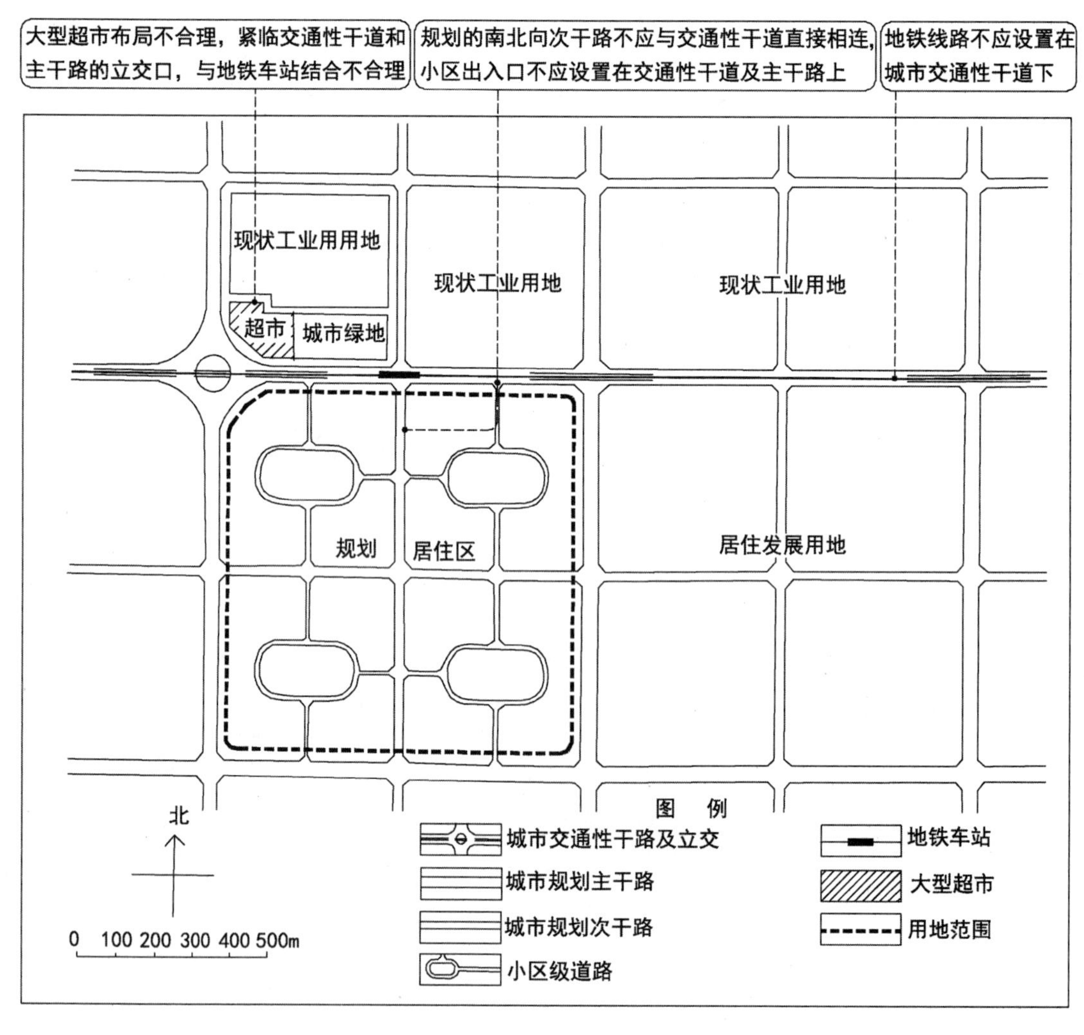

图 6-2-4 解析图示

2008-02. 试题二（共 10 分）

概况：某市地处经济发达地区的西部，沿江河流域发展已形成一主两次三个组团。东南向与经济发达核心地区相邻接，处于发达地区与内地经济腹地的交汇点。该市近几年基础设施不断完善，经济发展态势良好，处在城市化快速发展时期。主城区已达到发展的饱和状态，建设重点已逐步向东北部沿江和南部跨江的地区蔓延。为了引导城镇建设的有序发展，市政开展了新一轮总体规划，针对城市拓展方向提出了两个比选方案（如图 6-2-5）：

【问题】根据以上条件及附图分别指出两个比选方案的主要优缺点。

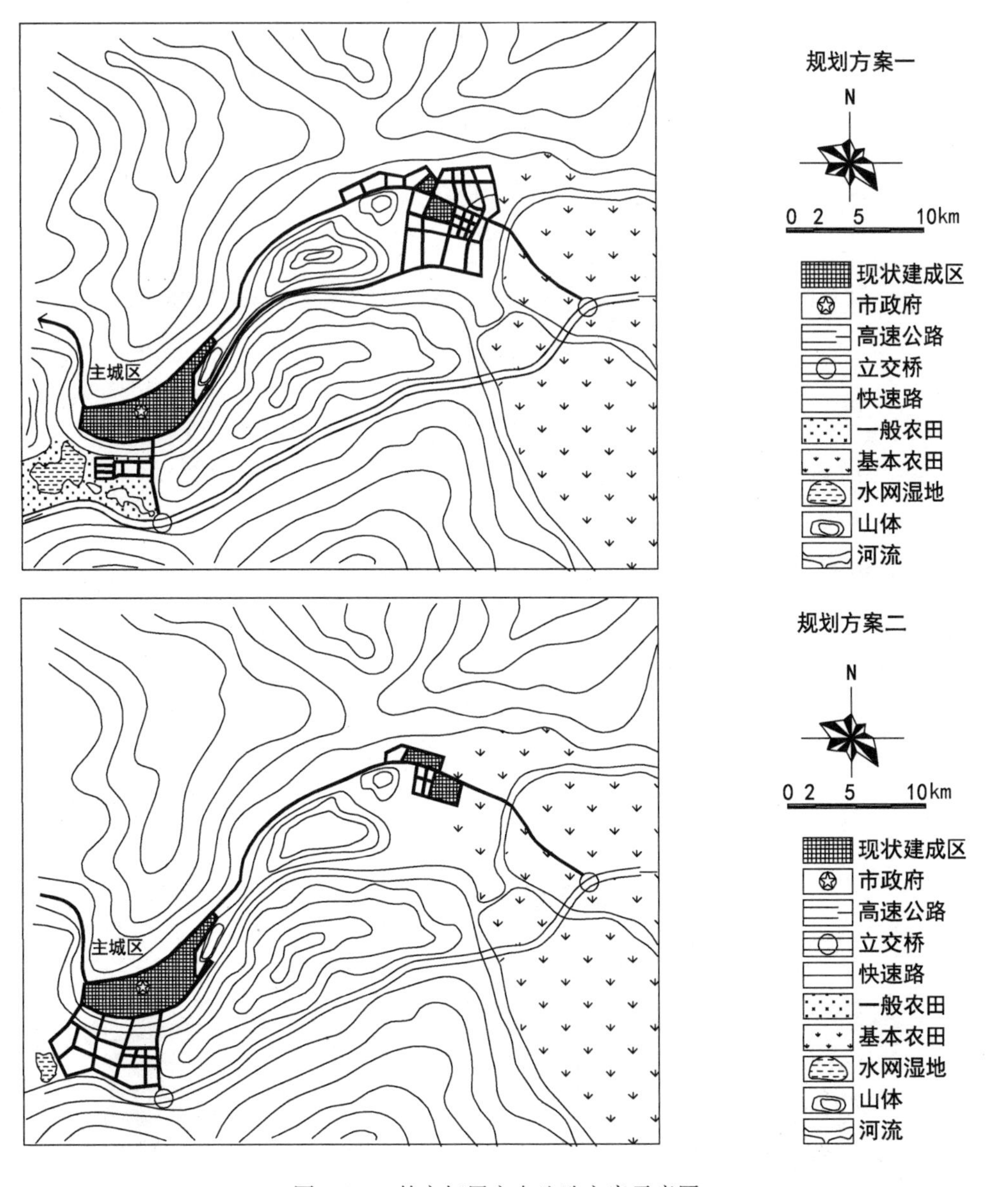

图 6-2-5 某市拓展方向比选方案示意图

【答案】

1. 方案一

① 优点：充分利用了东部用地条件较好的平原地区，未来发展余地大，城市建设重点向东部引导，有利于接收发达地区的经济辐射；

② 缺点：远离老城未能依托已有的公共配套设施（基础设施和公共服务设施），加大了新区在基础设施方面的资金投入。

2. 方案二

① 优点：较好地利用了主城区已有的公共配套设施（基础设施和公共服务设施），滨江景观资源利用充分；对外交通联系快捷，充分利用了高速公路带来的发展机遇。

② 缺点：不利于西南部水网湿地的保护，基础设施跨江建设需要高投入。

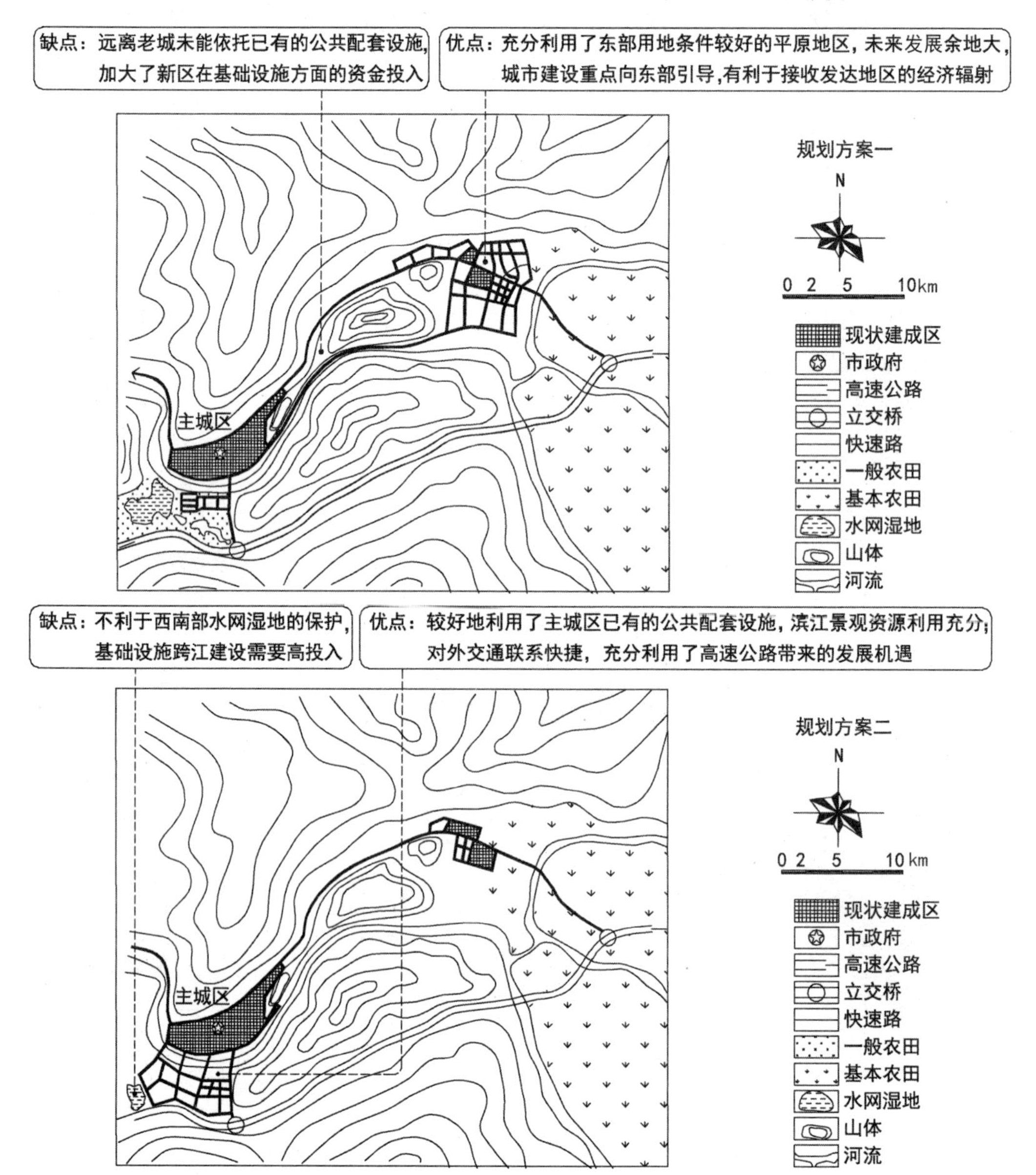

图 6-2-6 解析图示

2009-006. 试题六（共 15 分）

铁路部门在某发达地区建设了一条串联三个大城市 A、B、C 的高速铁路客运专线，投入运营后取得了明显的社会效益、经济效益和环境效益。

为加强 A、C 两城市之间直接的交通联系，同时尽可能带动沿线中小城市（I、J、K、L）的发展，铁路部门又计划在 A、C 两城市之间建设另一条设计速度为 300km/h 的高速铁路客运专线，并提出 3 个线路方案（见表 1），线路长度分别为 165km（方案一）、163km（方案二）、170km（方案三）。

【问题】试从规划角度分别对三个线路方案进行详细分析并提出推荐方案。

线路方案　　表 6-2-1

城市	现状人口	规划人口	城市性质	规划车站位置		
				方案一	方案二	方案三
I	15 万	30 万	以旅游为主的历史文化名城	位于 I 城城区南部距离 I 市中心 6km		
J	12 万	25 万	商贸物流基地		位于 J 城城区南部距 J 市中心 7km	
K	8 万	15 万	加工制造业基地		位于 K 城城区以北距 K 市中心 2km	位于 K 城城区以南距 K 市中心15km
L	5 万	35 万	以会展及文化教育为主的休闲旅游新城			位于 L 城城区以北距 L 市中心 2km

【答案】

比较的内容包括：

① 服务人口的总规模。

② 线路长度（经济性）。

③ 对沿造城市的拉动（服务）作用，主要看城市性质。

④ 车站与城市的距离（不应太远，也不压太近）。

⑤ 方案三为最终选择方案。

【解析】

由此题列表中三种方案的详细情况，主要从服务人口的总规模、线路长度、对沿线城市的拉动（服务）作用、车站与城市距离等几个方面综合分析，可知第三种方案未来服务 50 万人，服务人口最多；对于 K 作为加工制造业基地和 L 以会展及文化教育为主的休闲旅游新城有较好的拉动服务作用，距城市中心距离合适，但线路最长。综合来看，第三种方案为推荐方案。

2011-04. 试题四（10 分）

某发达地区一中等城市，东侧有高速公路Ⅰ和高速公路Ⅱ平行通过，并各有两个出入口（分别为 A、B 和 C、D）与城市主要交通性干路相接。该城市背靠北山、西邻海湾，近年来城市发展空间受到了一定的限制，市政府决定城市跨越高速公路Ⅰ发展，建设新区。为此，城市规划部门提出了高速公路Ⅰ的两个改造方案。

方案一：将高速公路Ⅰ在城区段改造为高架路，并将出入口 A、B 分别迁移至 E、F 点，原路段改造为城市干路并与其他垂直向干路平交，高速公路两侧设置防护绿地；

方案二：将高速公路Ⅰ外移至高速公路Ⅱ的西侧，部分路段共用一个交通走廊，并将出入口 A、B 分别迁移至 G、H 点高速公路Ⅰ的原线位改造为城市主干路。

试结合现状用地条件，从新区开发、建设成本、与道路系统的关系以及对景观环境的影响方面，分析两个方案的优缺点，并提出推荐方案。

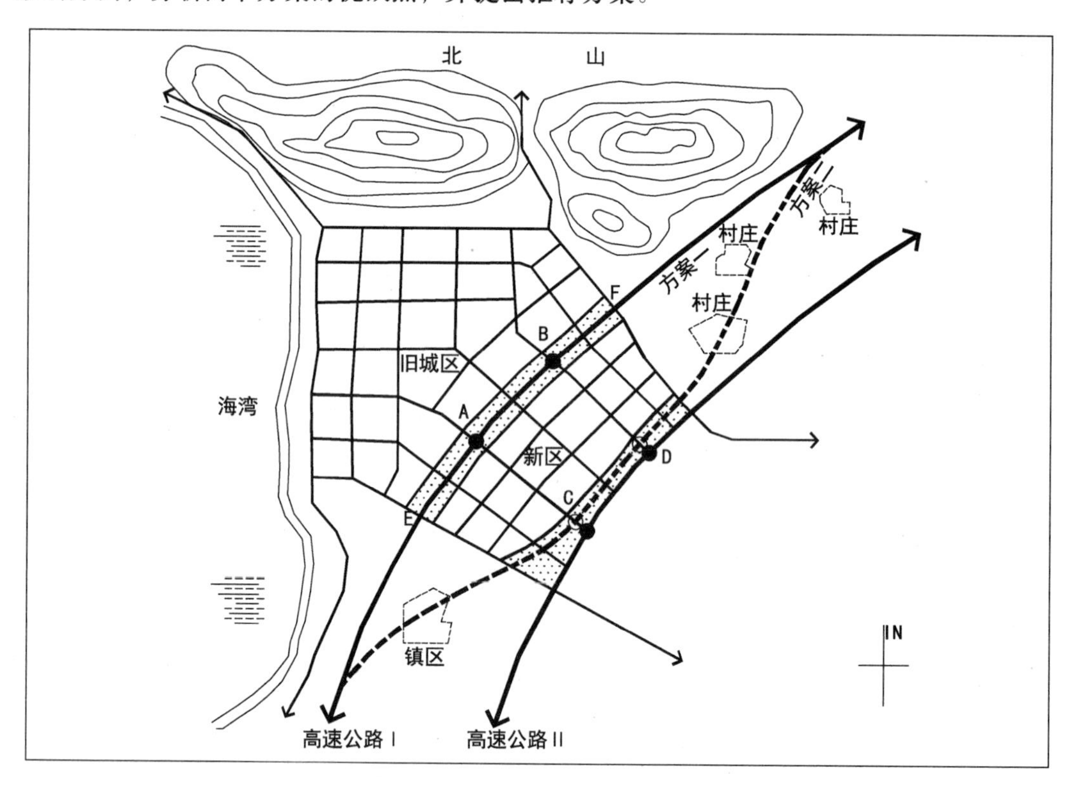

图 6-2-7　某城市高速公路选线方案示意图

【答案】

推荐方案一，主要从以下几个方面考虑得出结论：

1. 投资成本：

方案一原址高架，比起地面铺设，成本较高，但是不需要拆迁；

方案二涉及城南城北的部分村镇，拆迁成本远远高于方案一。城市将来需要发展用地的时候，高速公路还得调整，增加了未来建设成本。

2. 新城建设：

方案一原址高架后，相当于城市按两个组团发展，相互比较独立，受高速的干扰较小；

方案二可以有一个完整的结构，基本不受高速影响。

3. 交通联系：

方案一原址改为城市道路，因为方案走向与原有道路顺直，便于组织城市结构，而且高速出入口向两侧偏移是合理的选择，符合高速出入口位于城市边缘的要求；

方案二四个出入口相隔太近，不利于组织交通。

4. 景观：

方案一高速高架影响景观，方案二不受影响。

综上所述，虽然方案一对景观影响大，城市形态还受高速影响，但是考虑到开发成本和城市未来的发展，结合城市的实际情况，方案一是比较合理的选择。

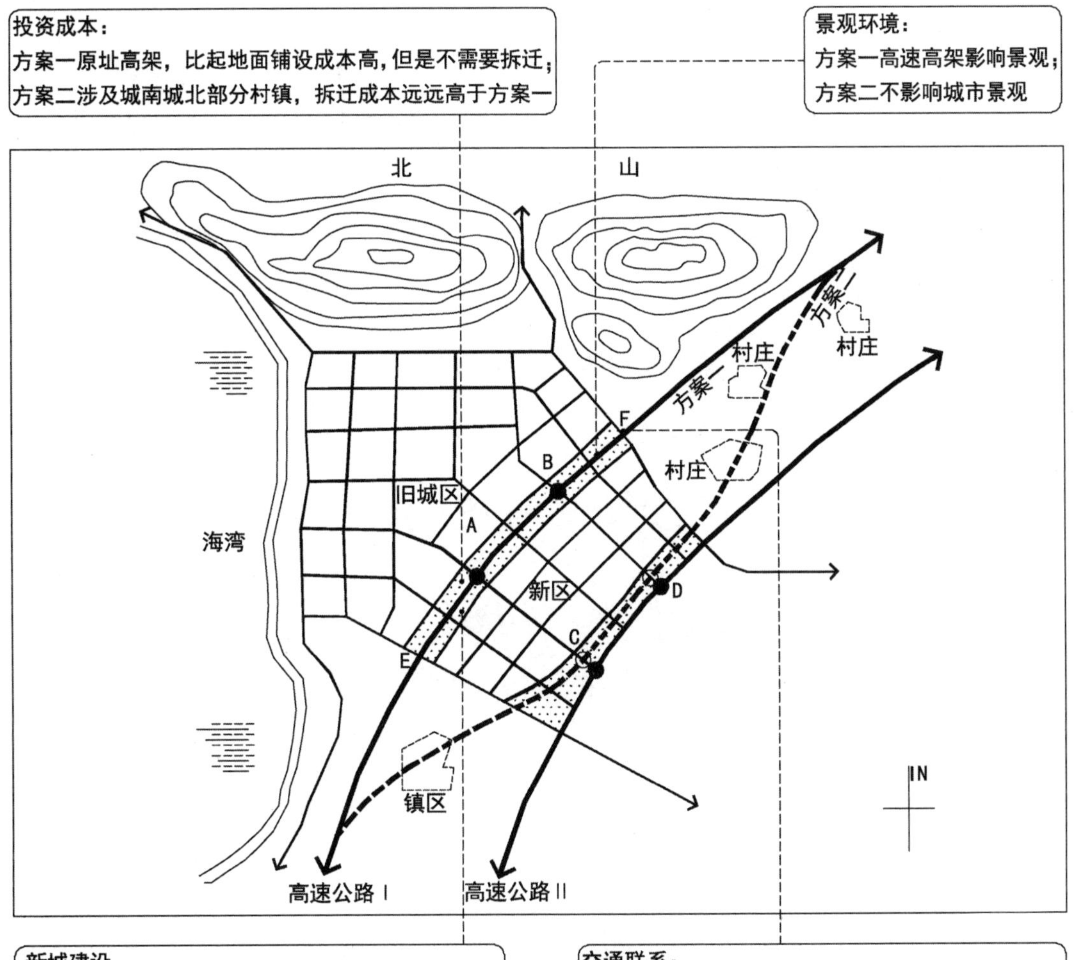

图 6-2-8　解析图示

2011-06. 试题六（15 分）

某县城总体规划结构如图 6-2-9 所示。现有三个发展机会，需在县城范围内选址建设三项工程：一是随着三级航道的煤炭和建材等大件杂货运量快速上升，需选择路径建设铁路专用线，以实现公铁水联运；二是随着物流量的上升，拟选址建设物流商务园（物流企业管理和物流信息管理中心）；三是随着社会主义新农村建设的推进，农副产品产量和质量快速提升，拟选址建设农副产品交易市场。

试根据图 6-2-9 所示结构，对 A、B 两条专用线进行比选，并阐明理由；在 1 至 8 号地段中选址物流商务园和农副产品交易市场，并阐明理由。

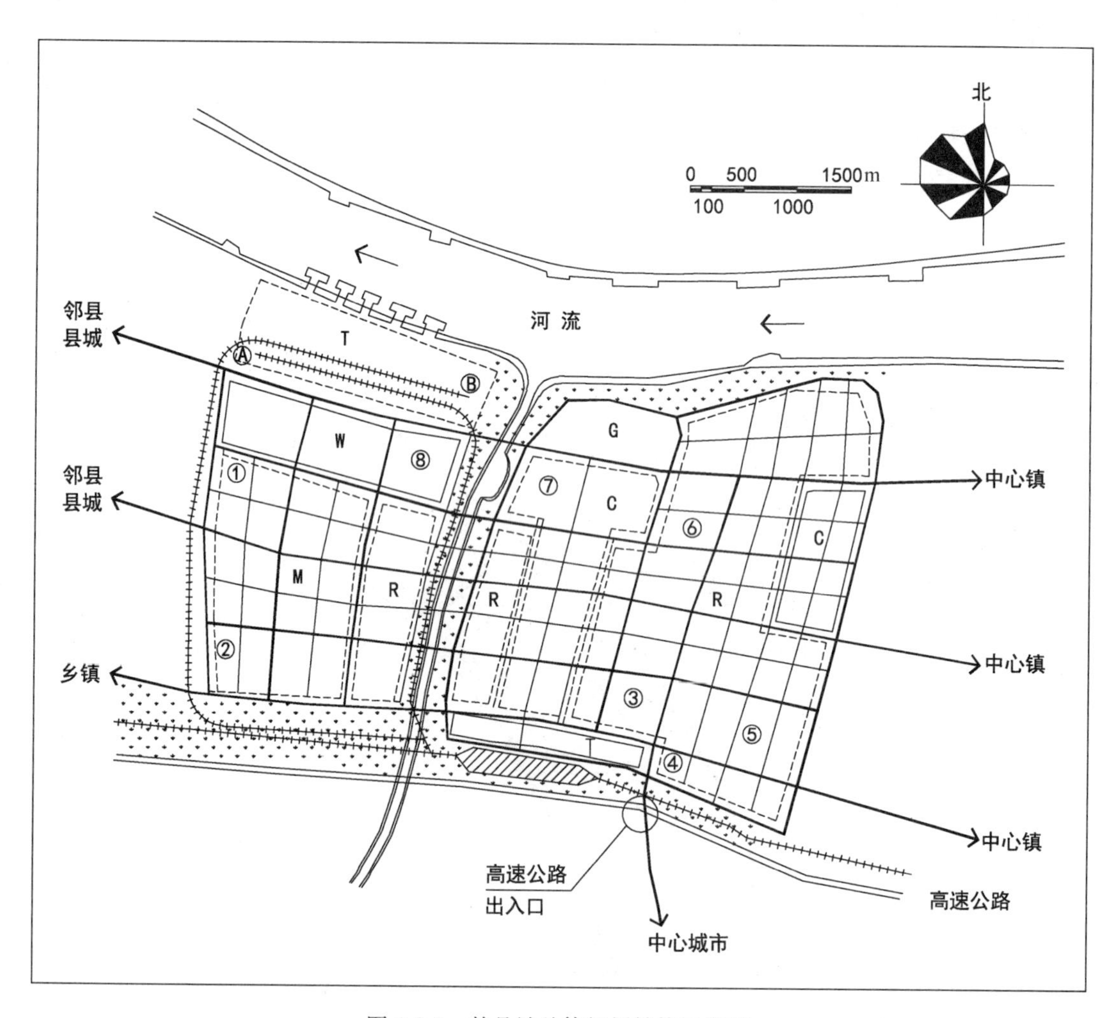

图 6-2-9 某县城总体规划结构示意图

【答案】

1. 专用线选 B 线：

理由：线型 B 从城市边缘经过，对城市影响较小，对河流等生活岸线、居住没有影响，沿线用地为工业用地，影响较小。

2. 物流商务园选 8 号地块：

理由：靠近仓储，便于对仓储的管理，以及处理相关的商务事务，沿生活岸线，环境优美，适合办公。

3. 农副产品交易市场选 4 号地块：

理由：因为离高速出口近，离铁路近，又在火车站的侧方向，对火车站的交通不干扰，该地块位于城市边缘，符合农产品交易市场宜布置在城市边缘的要求。

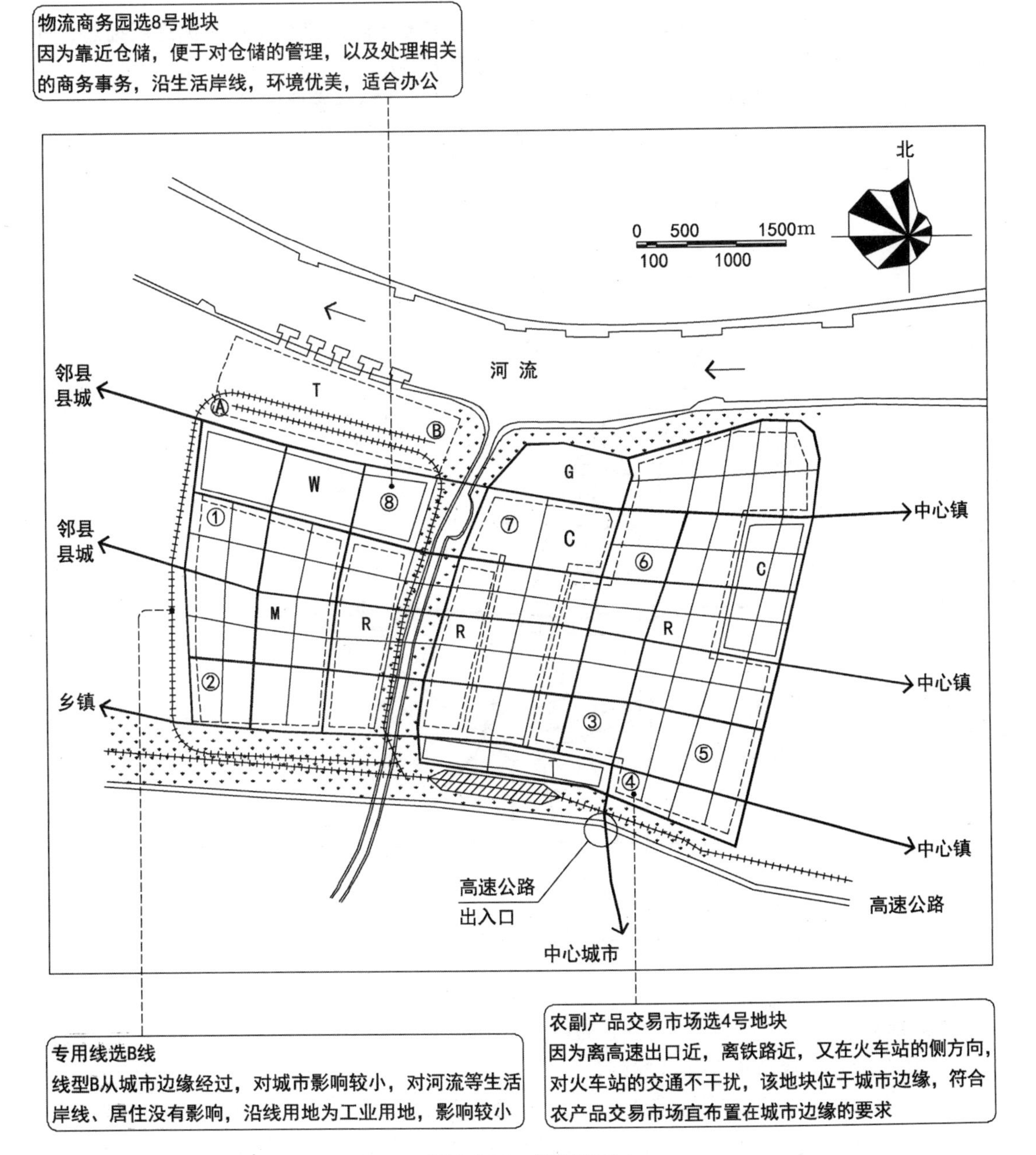

图 6-2-10　解析图示

2012-04. 试题四（共 15 分）

下图 6-2-11 为某县城道路交通现状示意图，城区现有人口约 15 万，建成区面积约 $17km^2$。规划至 2020 年，城区人口约 21 万，远景可能突破 30 万。

火车站东侧是老城区和市中心，城市南部为工业区，城市东部为新建的住宅区。贯穿城区南北的是一条老国道，新国道已外迁至老城区东侧。城市东西向有 3 条主干路。现状路网密度约 $3.3km/km^2$，其中主干路密度 $1.2km/km^2$，次干路网密度 $1.5km/km^2$，支路网密度 $0.6km/km^2$。

根据相关上位规划，未来将有一条南北走向的重要城际铁路在城市东侧选线经过，并拟在该城区设城际铁路车站，有两个车站选址方案可供比选。

【问题】① 该县城现状道路网及其交通运行组织存在哪些主要问题？

② 城际铁路车站选址适宜的位置是哪个，为什么？

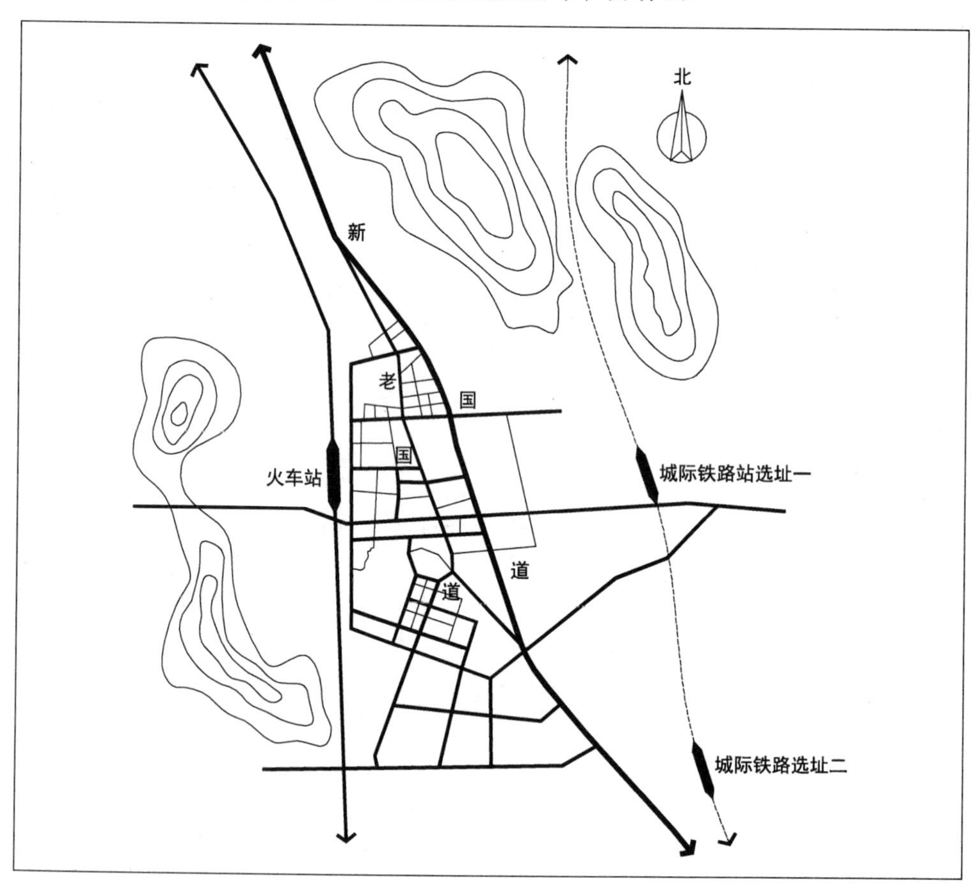

图 6-2-11　某县城道路交通现状示意图

【答案】

现状路网及交通组织存在的问题：

① 县城整体道路网密度过低，应不小于 $6km/km^2$，支路网（$0.6km/km^2$）密度过低，南部工业区和东部住宅新区缺少支路，严重影响地块的可达性，造成主次干道的交通阻力。

② 县城南北向除老国道外无主干道，南北疏通性差，交通组织不合理。

③ 支路直接搭接主干道和对外公路不合理，主干道、次干道、支路网密度不协调。

④ 道路搭接不畅，过多丁字路和斜交叉（小于 45 度）。

⑤ 新国道选线不合理。从地形条件来看新国道以东仍有较大的城市发展空间，新国道走线将对以后县城发展再次造成分割并阻碍发展。

⑥ 新国道在建成区东南部与城市干道相交，形成一个五岔口，交叉口流线复杂，会影响道路通行能力。道路交叉口交角过小，低于 45 度。

城际铁路选址一较合理：

① 选址一站址和建成区之间有干道连接，交通联系性好。

② 选址一与县城用地布局（居住、商业、公共服务设施等人口密集区）距离合适，可达性及服务性好。

③ 选址一与现有火车站联系便捷，符合城市发展方向。

④ 选址二远离城区，无城市道路衔接，不利于服务客流集散。

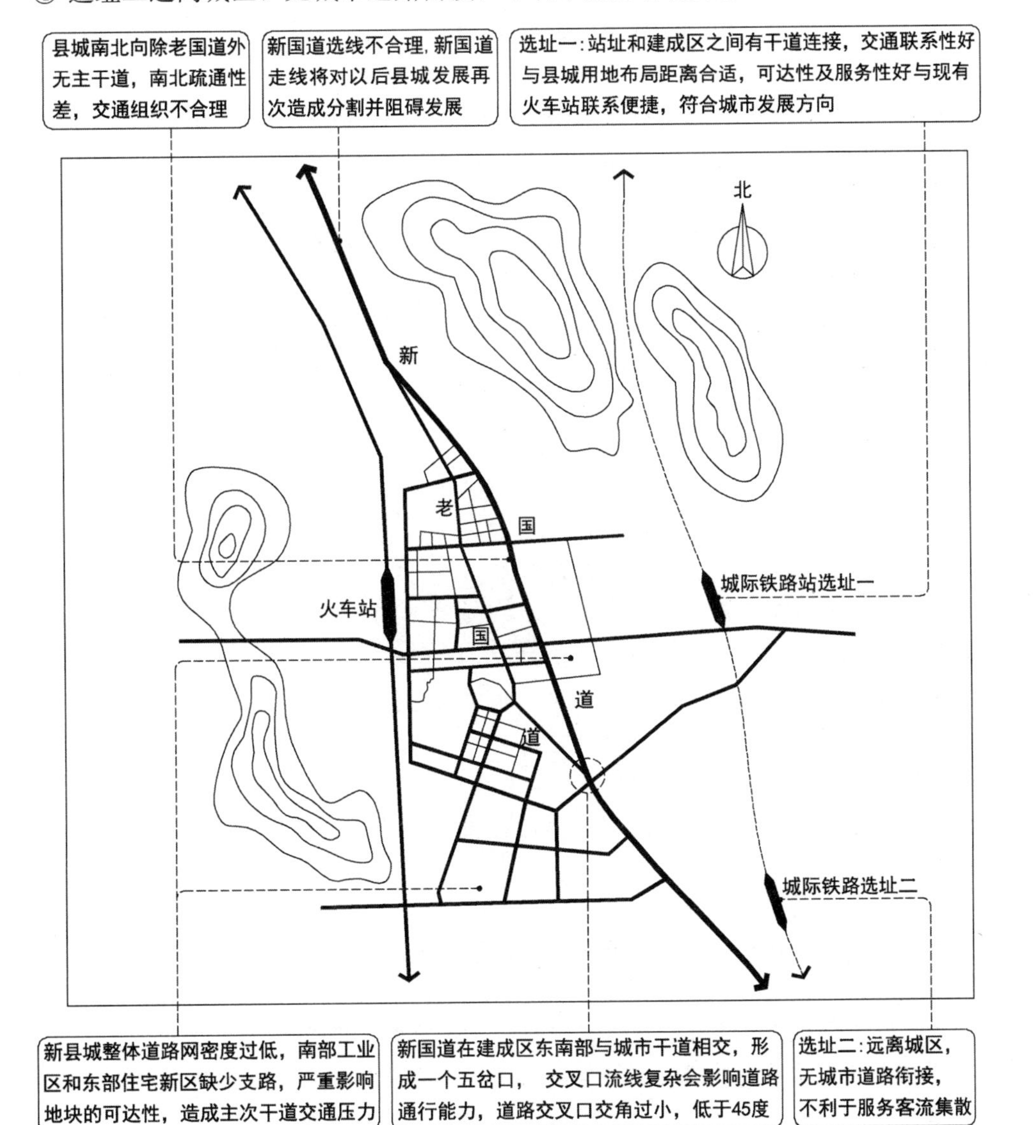

图 6-2-12 解析图示

2012-06. 试题六（共15分）

某国家历史文化名城，为纪念近代发生在该市的一起重大历史事件，市政府拟规划建设一座历史专题博物馆。

【问题】试问，作为该市规划管理人员，在该专题博物馆的选址工作中，应重点做好哪些工作和遵循什么原则？

【答案】

1. 选址应做好的工作：

① 需求分析：了解该历史博物馆相关的历史事件及其性质；确定项目的规模、用地大小、功能要求及是否需要发展余地。

② 供给分析：应以已编制的城市总体规划和历史文化名城保护专项规划为依据，所能提供的选址的用地规模及用地性质与博物馆的要求相适应；

该选址应与周围环境协调，远离易燃易爆场所、噪声源及污染源，环境良好；

该选址配套齐全、交通便利，公用配套设施比较完备；

可考虑利用与该重大历史事件有关的历史建筑，通过修缮、改建为博物馆，使博物馆的馆舍建筑与展品内容相契合；或靠近该重大历史事件遗址新建博物馆，使博物馆选址与历史事件发生环境相协调。

③ 方案比选：在需求和供给分析的基础上进行了必要的多方案比选，包括各影响要素的权重分析、优缺点比较、实施管理难度比较等。

2. 应遵循的原则：真实性、完整性、协调性。能够体现和提升博物馆及城市的历史价值、科学价值、文化价值和文化内涵。

【解析】本题相关法规规范及其条文如下：

《博物馆建筑设计规范》JGJ 66－2015

3.1　选址

3.1.1　博物馆建筑基地的选择应符合下列规定：

1. 应符合城市规划和文化设施布局的要求；

2. 基地的自然条件、街区环境、人文环境应与博物馆的类型及其收藏、教育、研究的功能特征相适应；

3. 基地面积应满足博物馆的功能要求，并宜有适当发展余地；

4. 应交通便利，公用配套设施比较完备；

5. 应场地干燥、排水通畅、通风良好；

6. 与易燃易爆场所、噪声源、污染源的距离，应符合国家现行有关安全、卫生、环境保护标准的规定。

3.1.2　博物馆建筑基地不应选择在下列地段：

1. 易因自然或人为原因引起沉降、地震、滑坡或洪涝的地段；

2. 空气或土地已被或可能被严重污染的地段；

3. 有吸引啮齿动物、昆虫或其他有害动物的场所或建筑附近。

3.1.3　博物馆建筑宜独立建造。当与其他类型建筑合建时，博物馆建筑应自成一区。

3.1.4　在历史建筑、保护建筑、历史遗址上或其近旁新建、扩建或改建博物馆建筑，应遵守文物管理和城市规划管理的有关法律和规定。

2013-04.

某省会城市市郊铁路小镇规划人口规模 5.5 万人，省会城市总体规划中确定的三个铁路货运站场之一即位于该镇，年货运量为 100 万吨，主要为本市生产生活服务，兼为周边县市服务。为落实上位规划，解决好该镇的对外交通，市政府责成有关部门专题研究铁路货场的对外交通组织和镇公共汽车客运站的选址。有关部门分别提出 A、B 两个货运通道选址方案和甲、乙两个客运站选址方案，其中选线 A 利用现有国道，选线 B 为新建道路。试问：1. 铁路货场的两个对外货运通道的选线方案哪个较好？各有什么优缺点？

2. 公共汽车客运站的两个选址方案哪个较好？各有什么优缺点？

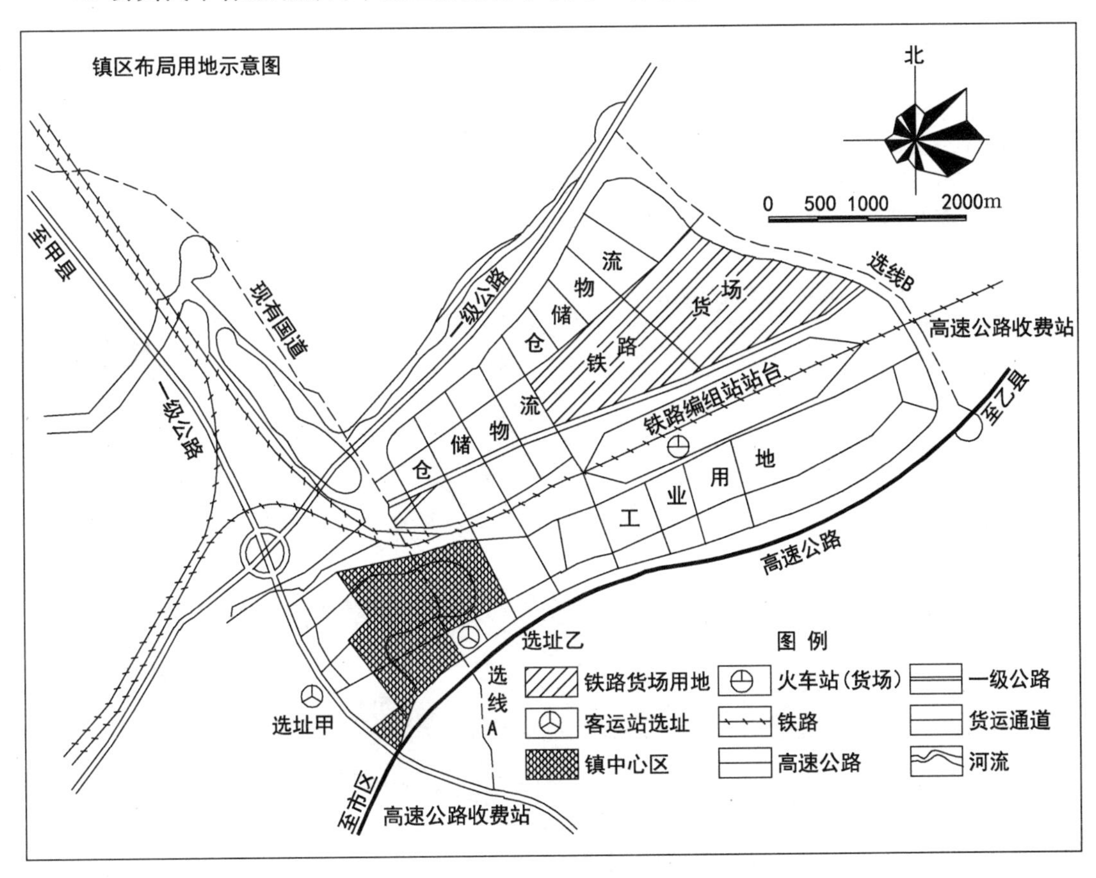

图 6-2-13 镇区用地布局示意

【答案】

一、货运通道选线 B 较好。

1. 选线 A ①优点：利用现有国道，经济投资少，现状设施利用方便。

② 缺点：远离铁路货场，与货场连接不便；线路穿过镇区，货运交通和镇区交通相互干扰，与对外以及公路和高速公路连接距离较远，运输货物不便。

2. 选线 B ①优点：靠近货场便于运输线路与镇区交通无干扰；与一级公路和高速公路直接连接，形成良好的单纯货运通道。

②缺点：新建公路，初期经济投资相比较大。

二、公共汽车客运站选址乙较好。

1. 选址甲

①优点：靠近对外公路，对城区交通干扰较少，位置独立，便于建设。

②缺点：车站与客流被一级道路分隔，对公路交通和人流安全均造成影响，车离镇区（客源密集区）距离较远，乘车不便。

2. 选址乙

①优点：靠近镇区中心（客源密集区），紧邻城区主干道，乘车方便，车站与客源流联系畅通，服务性好。

②缺点：对城区用地发展略有干扰。

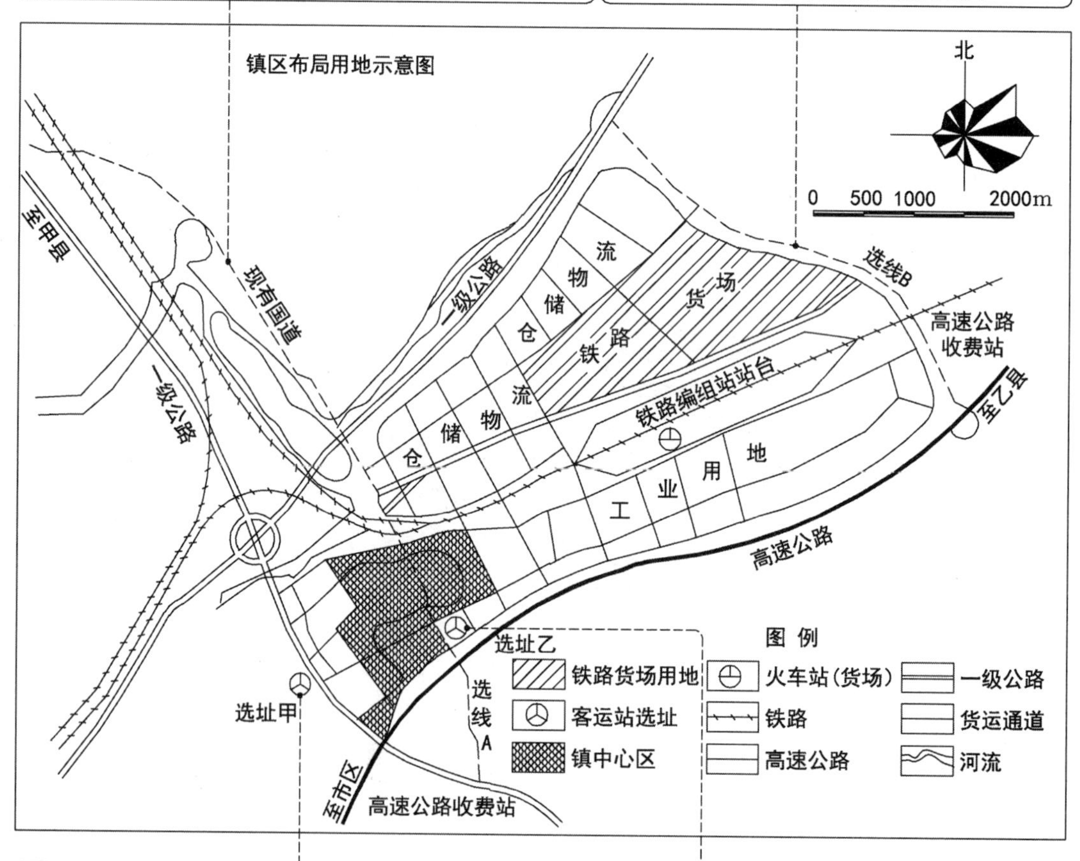

图 6-2-14　解析图示

2013-05.

某县城位于省级风景名胜区东南，依山傍水，建筑风貌独具特色。为了发展产业，县政府提出了大力发展二三产业的政策。并引进了农副产品加工企业A，电子产品拆解企业B以及房地产业C。规划局按照领导意见，给上述企业发了《选址意见书》。

【问题】请问产业发展以及建设用地管理方面存在哪些问题。

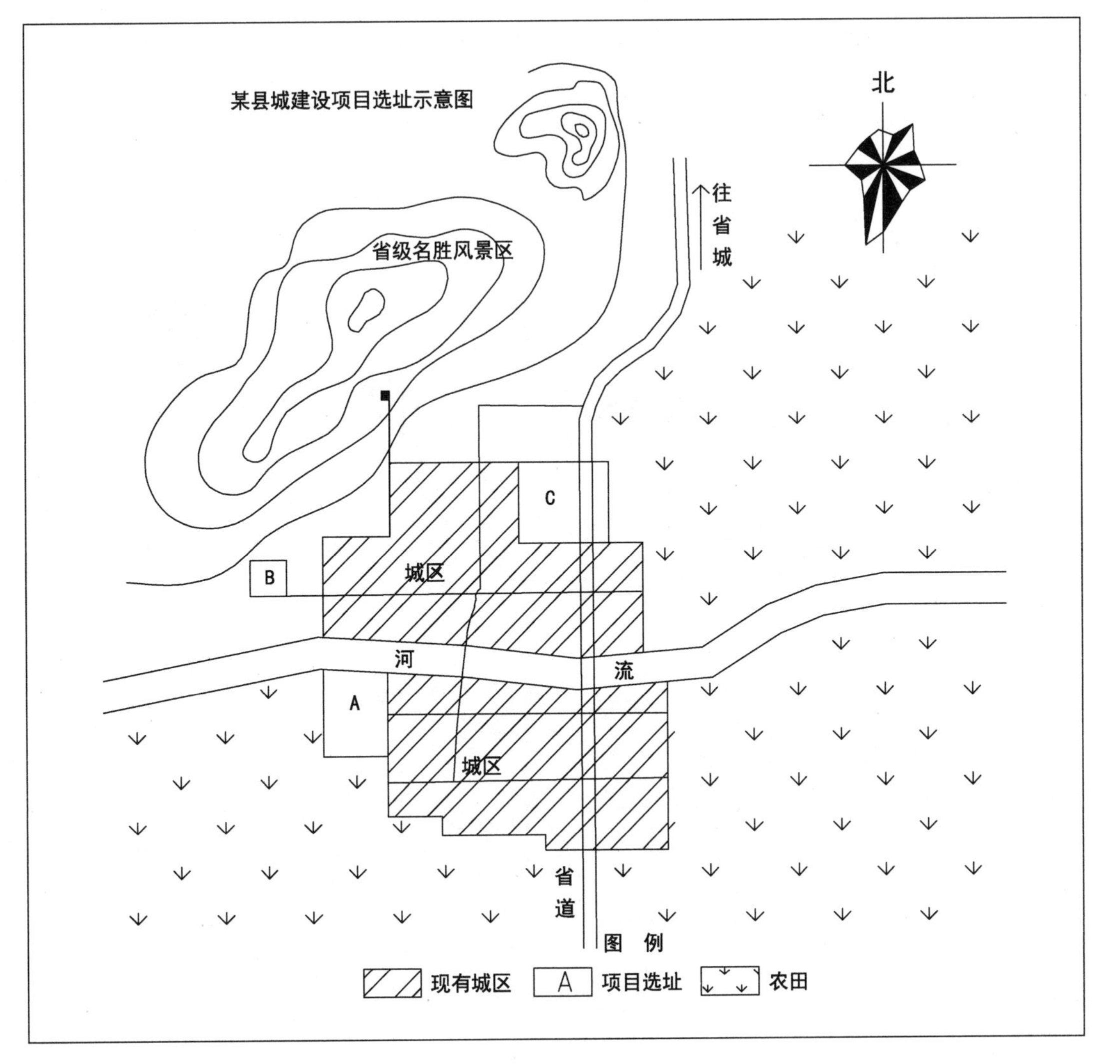

图 6-2-15 某县城建设项目选址示意图

【答案】

1. 产业选择方面：

① 大力发展第二产业不合理。地处省级风景名胜区，依山傍水，环境优美，应大力发展第三产业，适度开发符合条件的第二产业；

② 废旧家电拆解企业B，环境污染严重，环保成本高，不应引进；

③ 应限制房地产开发，以免破坏城市风貌。

2. 选址管理方面：

① A、B、C 企业均不符合以划拨方式提供国有土地使用权的条件，规划部门不应办理《选址意见书》；

② A 企业选址位于城区西侧，远离省道不合理，农副产品加工企业应强调对外交通联系，应选址靠近省道并远离风景名胜区；

③ B 企业污染严重，应远离河道和风景名胜区；

④ C 企业选址占用省道、侵占农田不符要求。应避开省道，可适当向北空地发展。

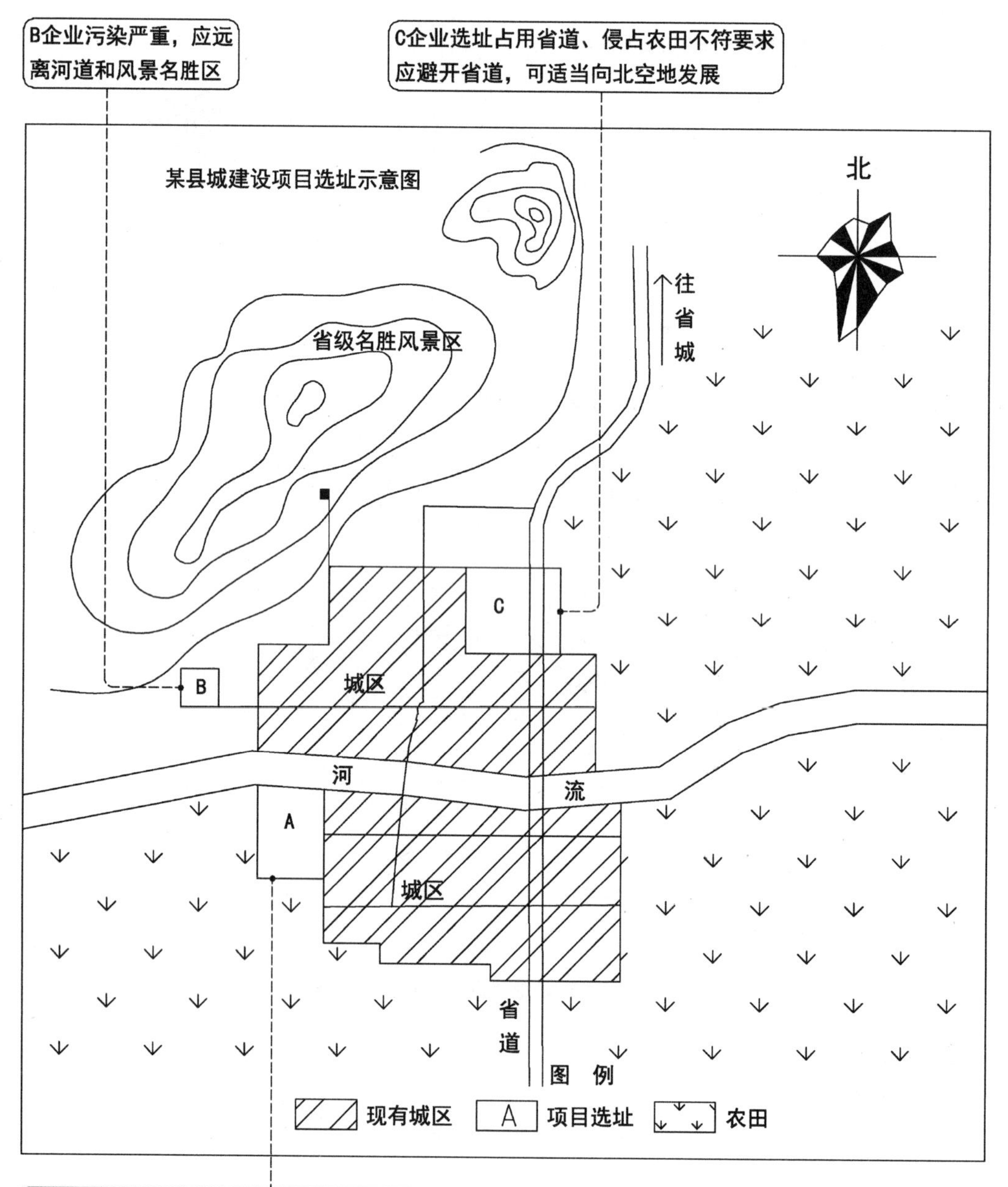

图 6-2-16　解析图示

2013-06. 试题六

某市远郊山区乡镇拟选址建设一处现代化的高档宾馆，规划总用地面积约 2.4hm²，总建筑面积约 4.8 万 m²，拟建高度 45m。拟选用地的西北侧为山丘，东侧为一现状历史文化明村，南侧为河道和 7m 宽沥青路，试问：该项目选址存在哪些不当之处？

【问题】试论述该项目选址存在哪些问题，并说明原因。

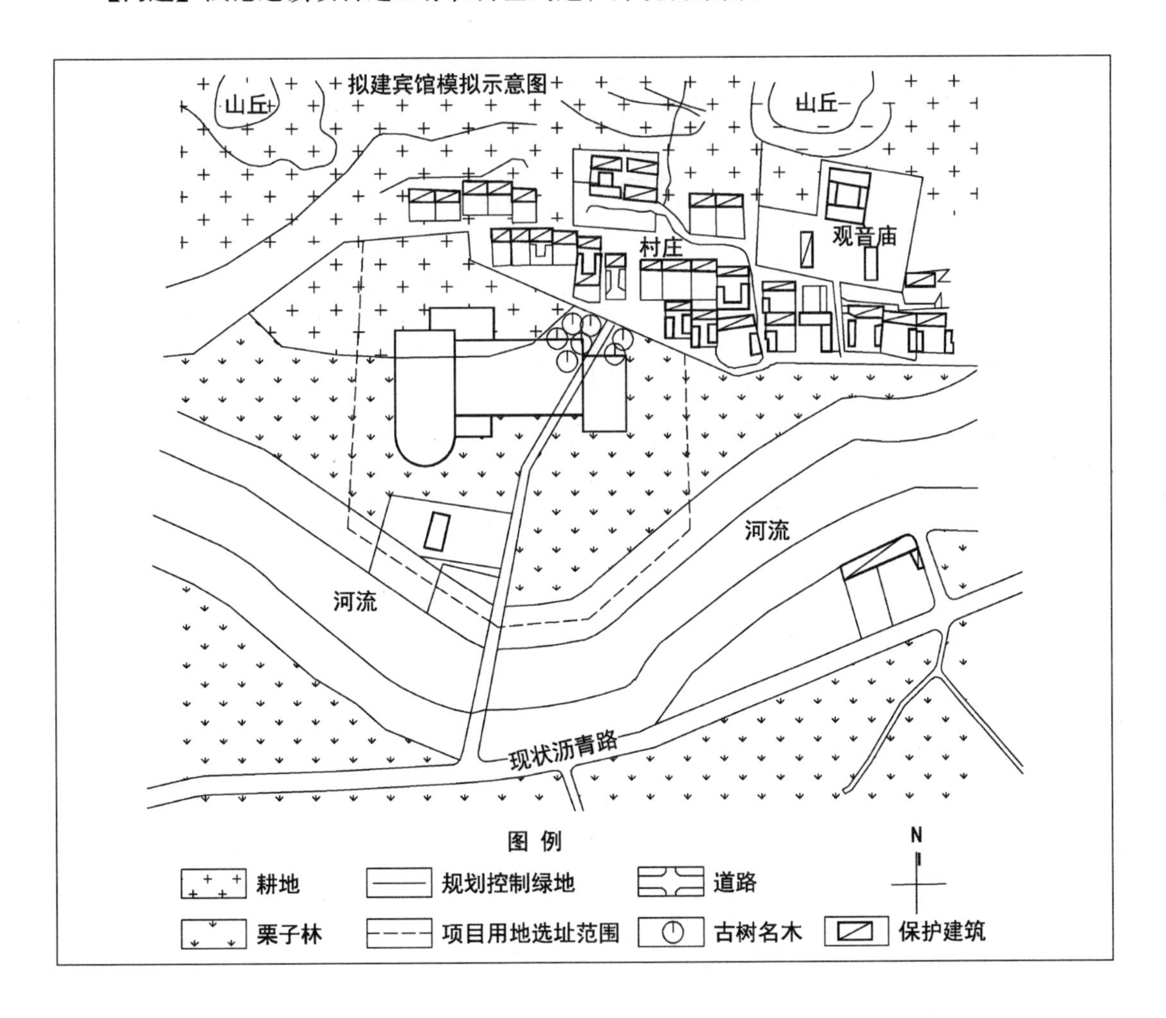

图 6-2-17　拟建宾馆模拟示意

【答案】

1. 项目占进村道路，不符合要求；
2. 用地侵占耕地、林地，不符合政策要求；
3. 规划建筑占用古树名木，做法错误；
4. 项目用地占用河道规划控制绿线不符合要求；
5. 拟建建筑容积率、建筑高度过大过高，破坏了历史文化名村风貌，不符合要求；
6. 建筑形体及风格与村庄建筑风貌不协调。

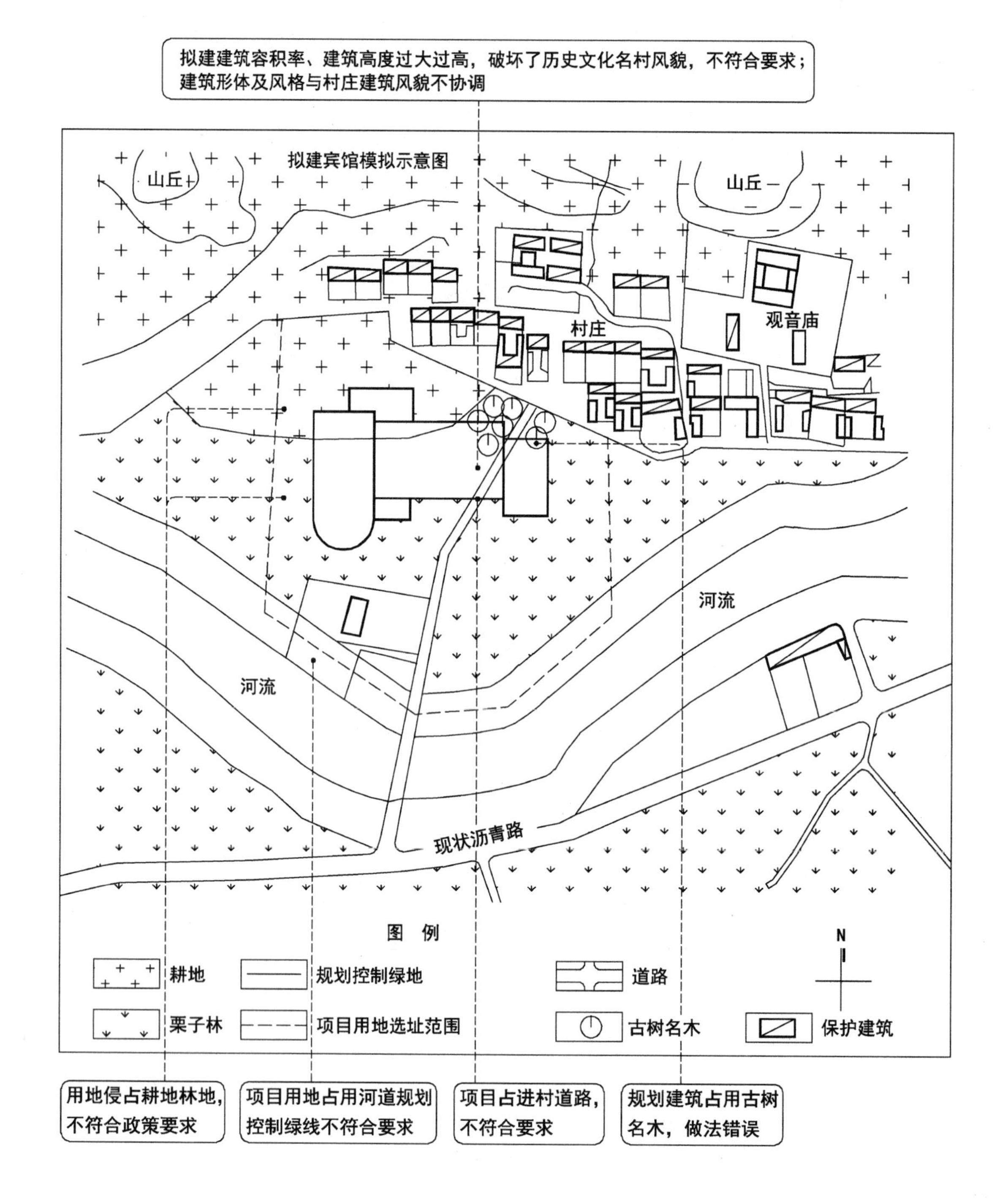
拟建建筑容积率、建筑高度过大过高，破坏了历史文化名村风貌，不符合要求；
建筑形体及风格与村庄建筑风貌不协调
拟建宾馆模拟示意图
山丘
山丘
观音庙
村庄
河流
河流
现状沥青路
图 例
耕地
规划控制绿地
道路
N
栗子林
项目用地选址范围
古树名木
保护建筑
用地侵占耕地林地，不符合政策要求
项目用地占用河道规划控制绿线不符合要求
项目占进村道路，不符合要求
规划建筑占用古树名木，做法错误

图 6-2-18 解析图示

2014-04. 试题四（10 分）

某建制镇，地理位置优越，对外交通便利。距省城 80km、县城 50km、邻市 20km。镇域现状人口 2.8 万，镇区人口 1.5 万。规划到 2030 年，镇域人口达 3.5 万，镇区人口 2.3 万。

该镇有一个四级公路客运站（如图 6-2-19 站址 A），日发送旅客 500 人左右，占地 $0.5hm^2$，位于老镇区中心，其外围用地为商业用地，再外围是居住用地。公路局计划将现状公路客运站搬迁新建。理由是该公路客运站规模偏紧、秩序混乱、影响镇的形象。预测到 2030 年日发送旅客 1000 人左右。拟建新站如图站址 B，客运站仍为四级站，占地 $1.5hm^2$。

试问：分析该公路客运站主要旅客流向。该公路客运站搬迁新建理由是否充分？拟建新站有什么主要问题？

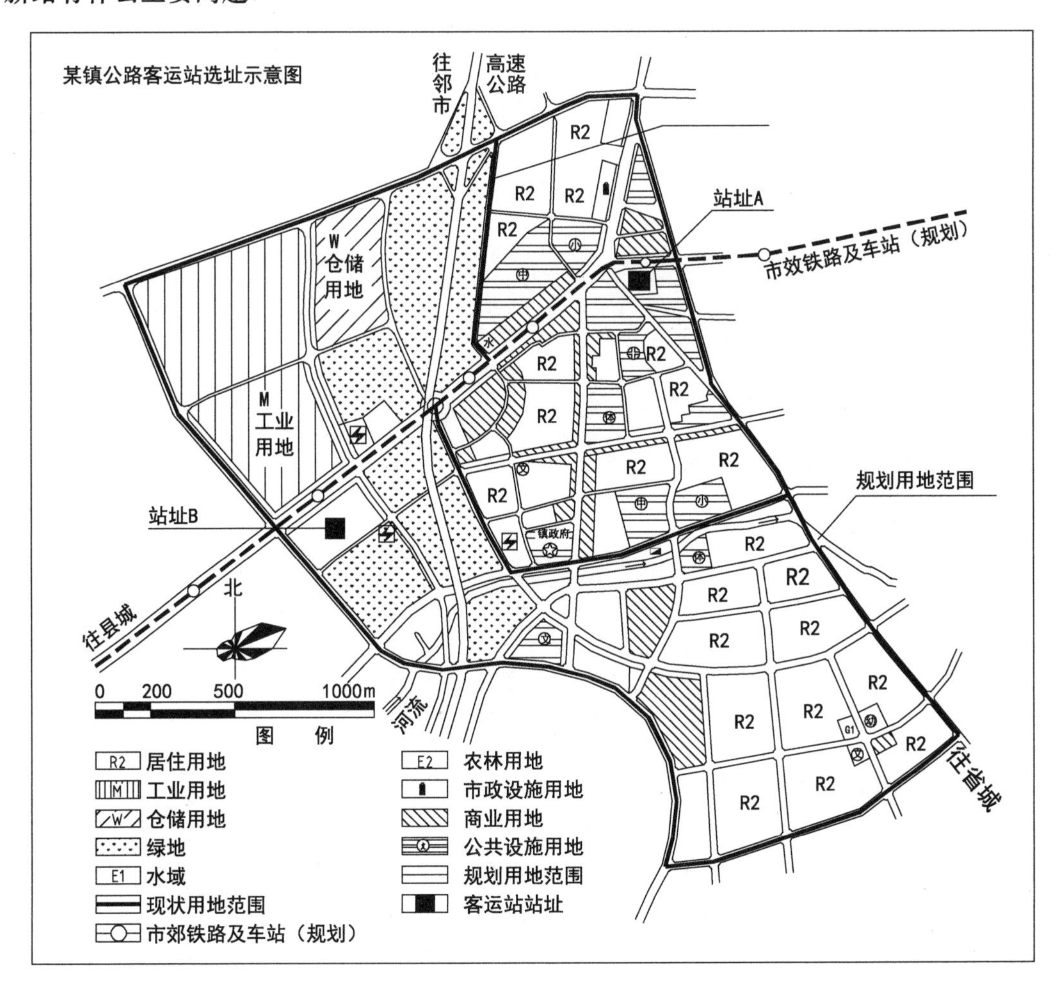

图 6-2-19 某镇公路客运站选址示意图

【答案】

1. 该公路客运站主要客流方向为南北向，原因为：

镇离邻市距离最近，距县城 50km，省城 80km，临市 20km；镇与邻市交通最便利，镇与县城和省城主要为公路连接，而与邻市既有公路又有高速公路连接，且连接出入口方便。

2. 客运站搬迁理由不充分，主要原因为：

① 规划四级客运站，规划期末日发送 1000 旅客，用地规模 $0.5hm^2$ 仍能满足用地需求。

② 秩序混乱、影响形象均可通过交通管理和建筑更新完成。

③ 车站现址位置好，对外交通与客流方向一致，对内临近客源区，与城内交通联系方便，服务性好。

3. 拟建新址存在问题：

① 距离主要客流方向距离过远，不合理；

② 远离城区客源密集区，服务性差；

③ 用地规模按四级标准建设，用地规模偏大。

客运站搬迁理由不充分，主要原因为：
①规划四级客运站，规划期末日发送1000旅客，用地规模0.5hm^2仍能满足用地需求；
②秩序混乱、影响形象均可通过交通管理和建筑更新完成；
③车站现址位置好，对外交通与客流方向一致且连接便利，对内临近客源区，与城内交通联系方便，服务性好

拟建新址存在问题：①距离主要客流方向距离过远，不合理；
②远离城区客源密集区，服务性差；
③用地规模按四级标准建设，用地规模偏大

图 6-2-20　解析图示

2014-06. 试题六（15 分）

某大城市在城市中心区外围规划有一处独立建设组团，主要功能为居住和公共服务，可容纳居住人口约 4 万人。组团整体地势北高南低，南临城市主要行洪河道，北倚山地林区，有东西方向的轻轨和干道与东部城市中心区联系，有三条南北向干道向北通往山地林区，其中，中间的南北向干道是通往市级风景区的主要通道。

根据市卫生主管部门的要求，为完善城市中心区现状综合医疗中心的功能，在该组团选址建设一处综合医疗中心分院，服务人口约 6 万人，设置标准按 40 床/万人，用地规模按 115m² /床。

医院建设单位提出如下选址方案：拟建综合医疗中心分院占地约 5hm²，将原规划居住、绿化用地调整为医疗卫生用地，保留地块内行洪河道。具体位置如图 6-2-21 所示。

试分析该选址方案不合理之处。

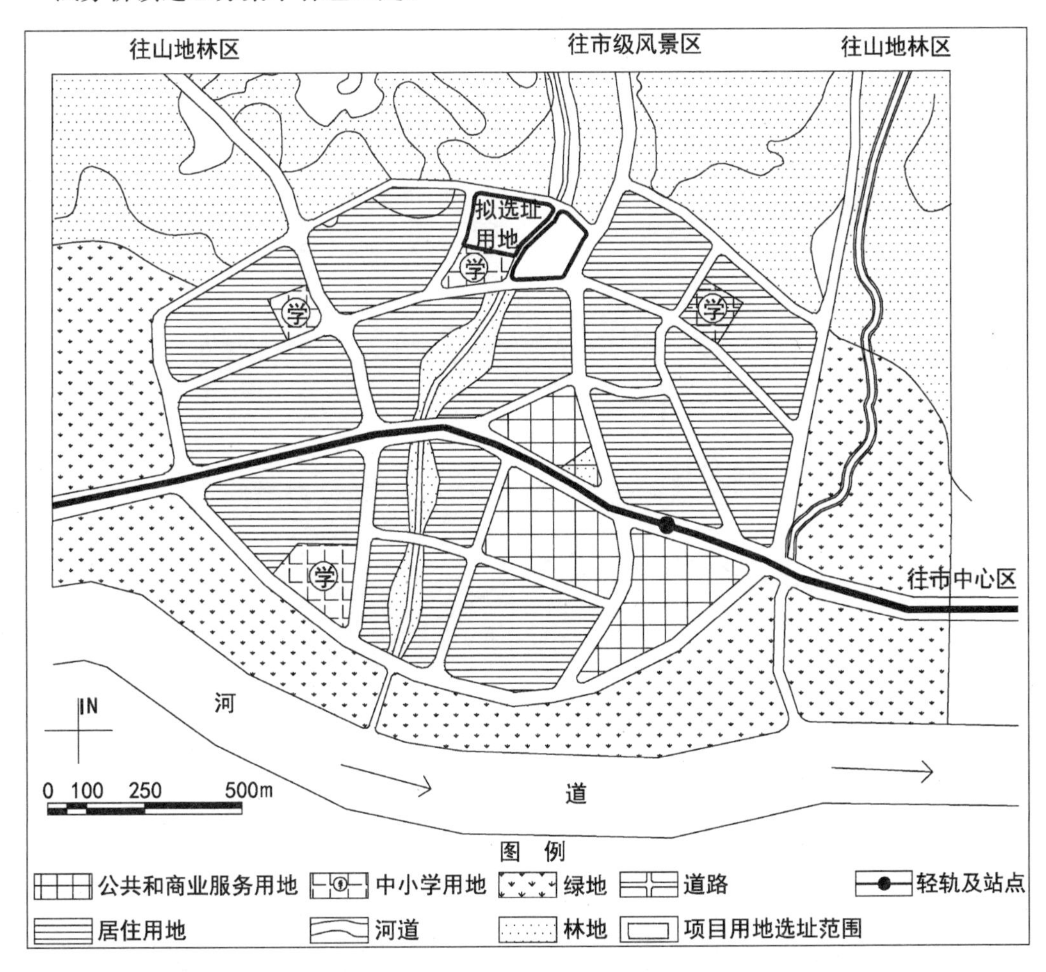

图 6-2-21 拟建医疗设施选址示意图

【答案】

① 用地规模过大不合理：根据规定，医院所需用地规模约为 2.75hm²，5hm² 用地按照提供的设计标准可服务 10 万人。而本区总计服务人口才 4 万人。

② 选址位置过偏：医院同时为组团和市区服务（规划为 6 万人服务，大于组团 4 万人，位置应方便组团及市区患者就诊就医，故选址位置应靠近组团中心结合轻轨站点布置。

③ 医院建设单位擅自调整原规划地块性质不合法，在原居住用地和绿化用地内选址不合法。应该在公共服务设施用地内选址。

④ 选址临近小学用地不合理，会对小学生的身心健康造成不利影响。

⑤ 选址东邻通往景区的主要干道不合理，影响游客心情外，干道过大的交通流会对医院产生噪声、大气等环境干扰。

⑥ 地块被河道分割，造成病人就医就诊不便，且基础设施投资费用增加，应选址于形态完整、内部交通方便组织的地块。且医疗垃圾废水可能对河流水质造成影响。

⑦ 地块位于山林、河道，地势地处不利，容易有滑坡、泥石流及地基软化等地质灾害发生。

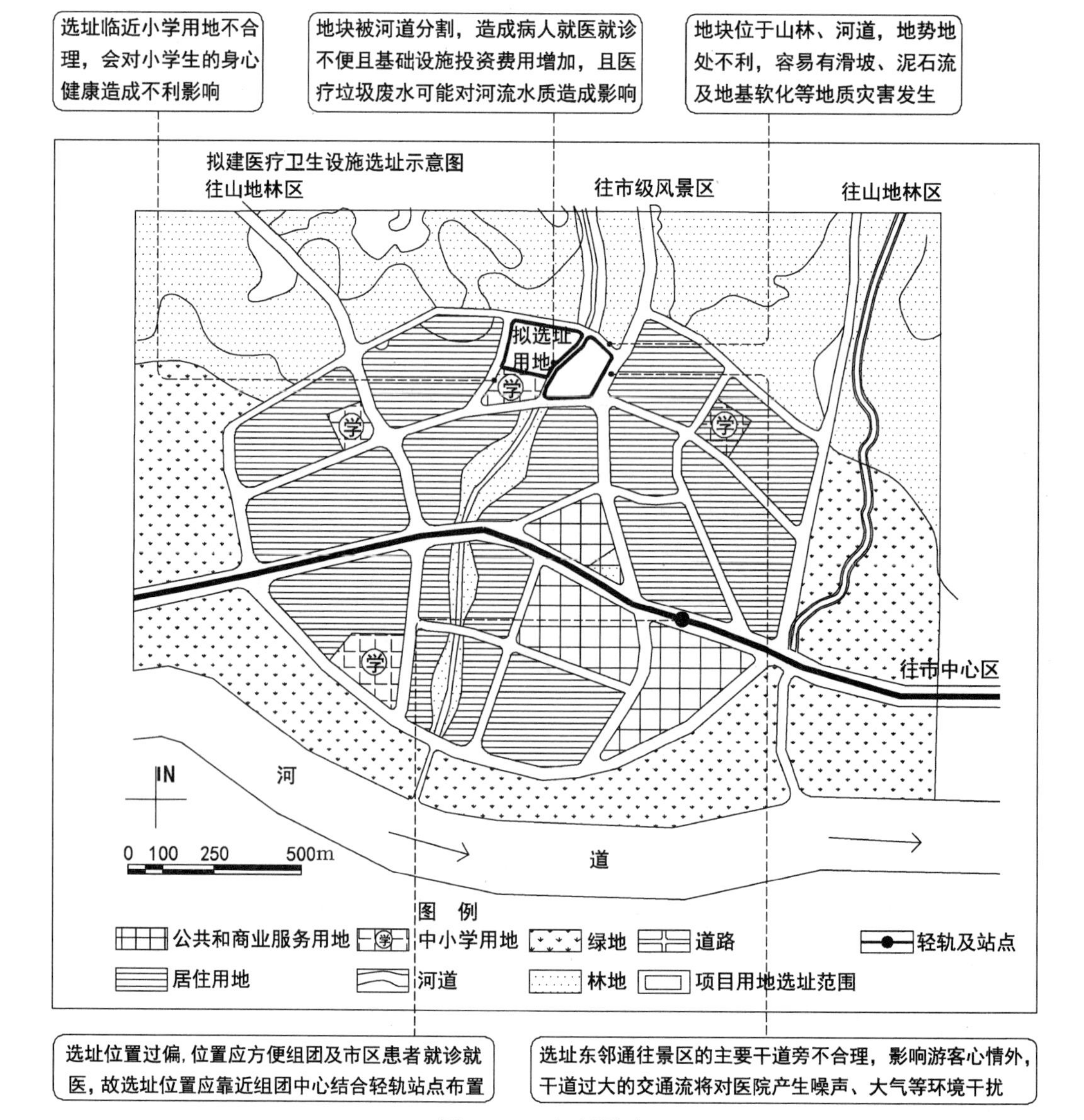

图 6-2-22 解析图示

2017-004. 试题四

A 市人口三面环山，是某大城市主城区周边的县级市（如图 6-2-23），有一条干路与大城市主城区直接连接，南北分别有公路向西联系山区和乡镇，紧邻 A 市东侧有大城市主城区的绕城高速公路，规划一条从大城市主城区进入 A 市的轨道交通客运线，贯穿 A 市城区南北，现要结合轨道交通站点，选址一处 A 市的客运交通枢纽。

试问：① 请简述 A 市城市道路与对外交通衔接中存在的主要问题?

② 请在甲、乙、丙三个位置中确定最佳的客运交通枢纽的选址，并说明理由。

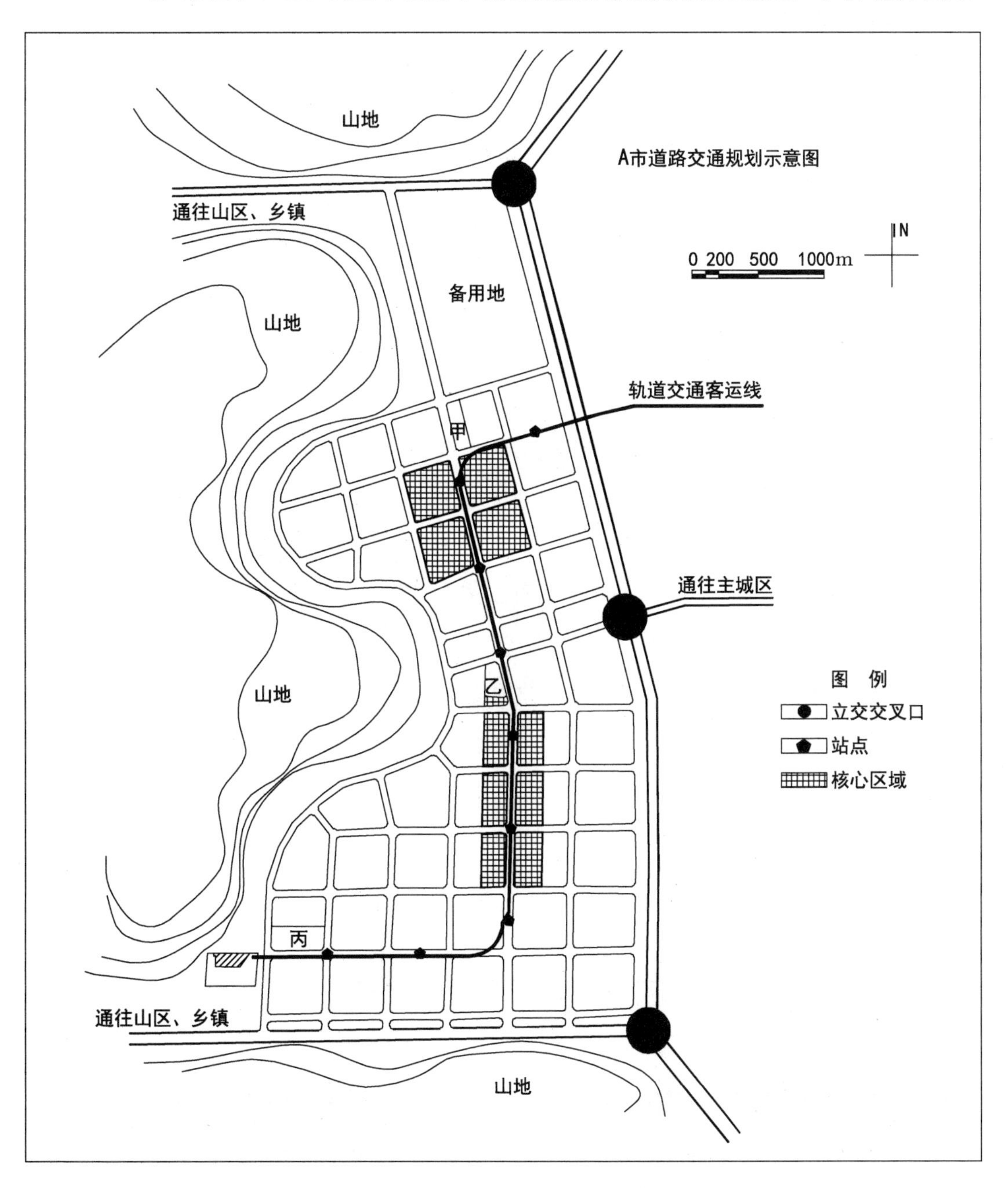

图 6-2-23 A 市道路交通规划示意图

【答案】

1. A 市城市道路与对外交通衔接中存在的主要问题：

① 与大城市直接联系的道路太少（只有一条）；

② 与南部道路交叉口过多。

2. 最佳的客运交通枢纽的选址为方案乙，原因如下：

① 位于市中心，方便与南北交流；

② 与大城市联系方便；

③ 与高速路出口较近。

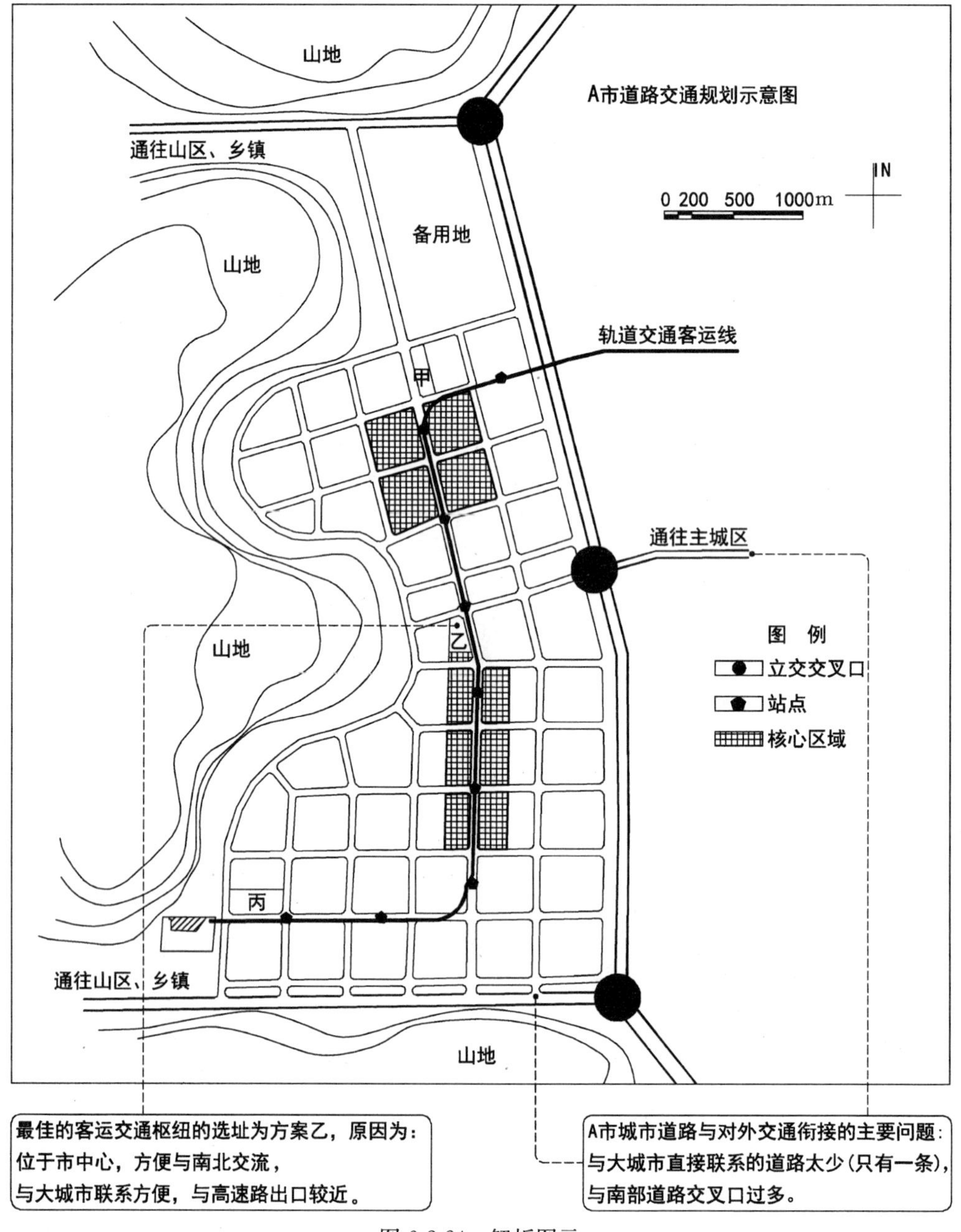

图 6-2-24　解析图示

2017-06. 试题六

某市政府拟出资与某所辖百年名校在校内共建一处兼具城市功能的5000座体育馆，该校位于城市中心区，校区东南两侧为城市湖泊及支路，其北侧紧邻城市主干路，西侧为城市次干路。该校用地布局分明，北为教学区、南为生活区，其校区东部环境良好，大部分建筑为国家和校方建设，该单位及优秀历史建筑已被该市公布为历史风貌保护区。校区西部为20世纪70年代后的拓展区域，该校现为新建体育馆提出了三处选址方案（详见图6-2-25）。

试问：请就三处选址方案逐一进行优缺点分析，并选一处为推荐选址。

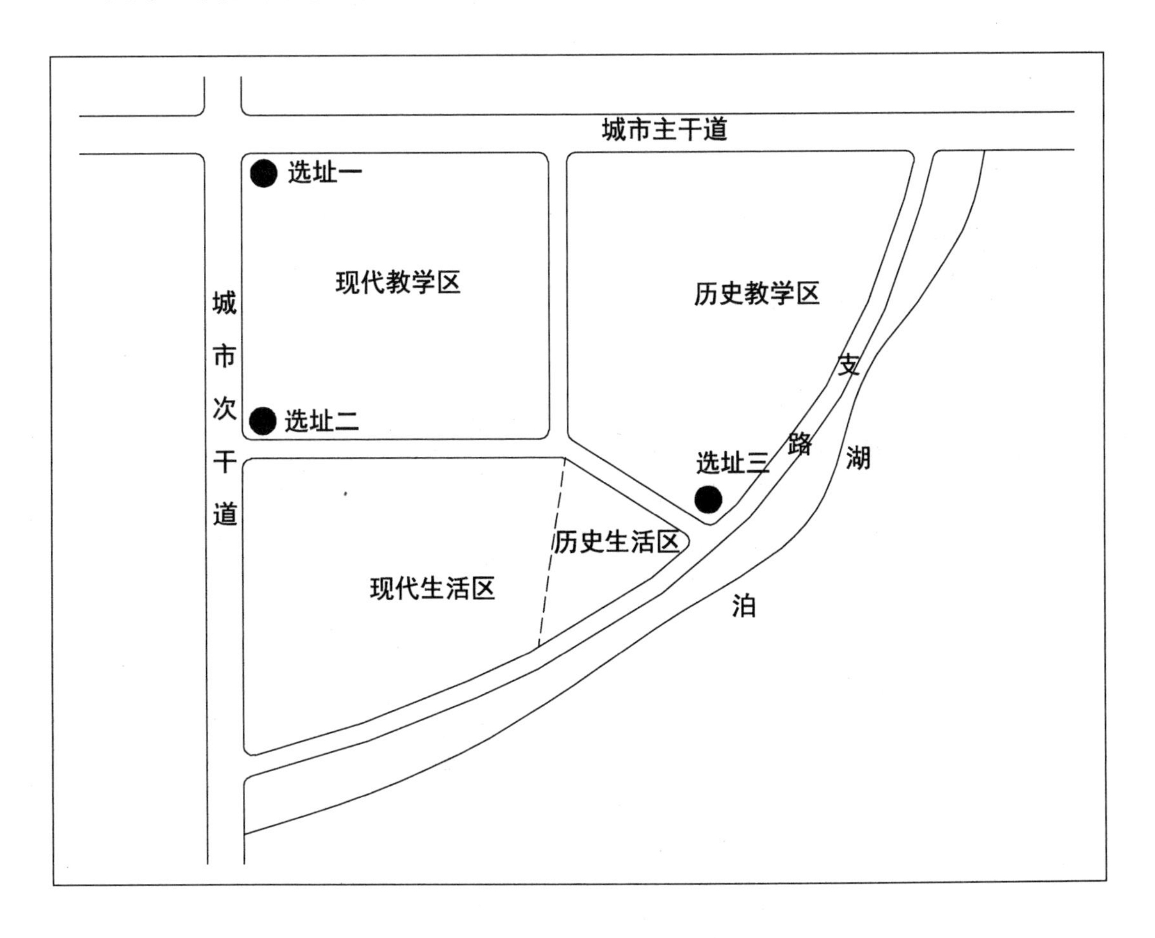

图6-2-25 体育馆选址方案示意图

【答案】

方案一：优点：集散便利；

距历史建筑较远，利于历史文化的保护；

缺点：距离生活区较远，不便于学生组织活动；

处在干道交叉口，对城市交通有影响。

方案二：优点：临近城市干道，集散便利；

位于教学区与生活区之间，便于教学和学生使用；

临近南侧支路，交通易组织，对城市交通影响小。

方案三：优点：靠近生活区，便于学生组织活动；

缺点：集散不便利；

不利于对历史风貌区的保护。

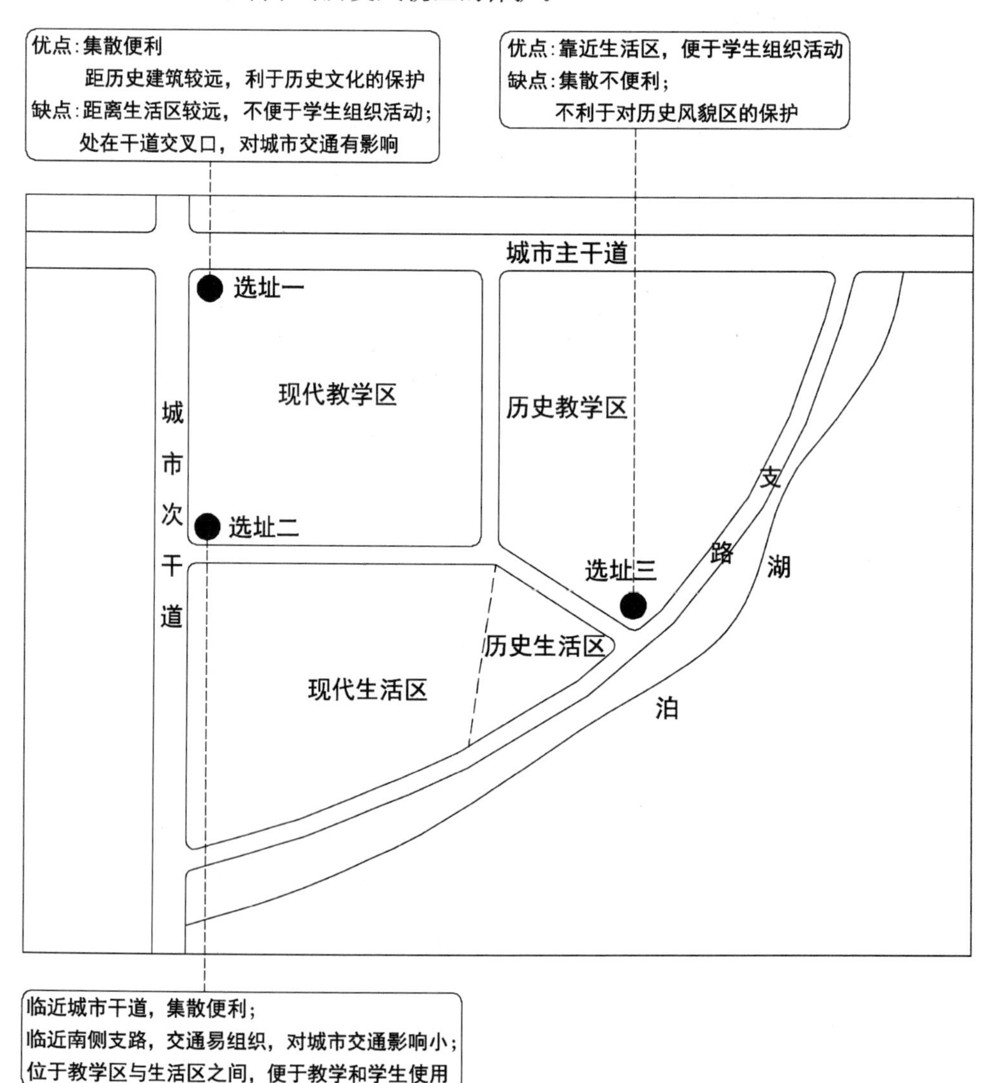

图 6-2-26　解析图示

第七章　历史街区保护规划方案评析

第一节　要点概述

历史文化街区保护规划的相关规定　　**表 7-1-1**

内容	说　明
一般规定	4.1.1　历史文化街区应具备下列条件： ① 应有比较完整的历史风貌； ② 构成历史风貌的历史建筑和历史环境要素应是历史存留的原物； ③ 历史文化街区核心保护范围面积不应小于 $1hm^2$； ④ 历史文化街区核心保护范围内的文物保护单位、历史建筑、传统风貌建筑的总用地面积不应小于核心保护范围内建筑总用地面积的 60%。
	4.1.2　历史文化街区保护规划应确定保护的目标和原则，严格保护历史风貌，维持整体空间尺度，对街区内的历史街巷和外围景观提出具体的保护要求。
	4.1.3　历史文化街区保护规划应达到详细规划深度要求。历史文化街区保护规划应对保护范围内的建筑物、构筑物提出分类保护与整治要求。对核心保护范围应提出建筑的高度、体量、风格、色彩、材质等具体控制要求和措施，并应保护历史风貌特征。建设控制地带应与核心保护范围的风貌协调，至少应提出建筑高度、体量、色彩等控制要求。
	4.1.4　历史文化街区增建设施的外观、绿化景观应符合历史风貌的保护要求。
	4.1.5　历史文化街区保护规划应包括改善居民生活环境、保持街区活力、延续传统文化的内容。
保护界限	4.2.1　历史文化街区核心保护范围界线的划定和确切定位应符合下列规定： ① 应保持重要眺望点视线所及范围的建筑物外观界面及相应建筑物的用地边界完整； ② 应保持现状用地边界完整； ③ 应保持构成历史风貌的自然景观边界完整。

续表

内容	说　明
保护界限	4.2.2　历史文化街区建设控制地带界线的划定和确切定位应符合下列规定： ① 应以重要眺望点视线所及范围的建筑外观界面相应的建筑用地边界为界线； ② 应将构成历史风貌的自然景观纳入，并应保持视觉景观的完整性； ③ 应将影响核心保护范围风貌的区域纳入，宜兼顾行政区划管理的边界。
保护与整治	4.3.1　应对历史文化街区内需要保护建筑物、构筑物的位置信息、建造年代、结构材料、建筑层数、历史使用功能、现状使用功能、建筑面积、用地面积进行逐项调查统计。
	4.3.2　历史文化街区内的建筑物、构筑物的保护与整治方式多样，文物保护单位：修缮；历史建筑：修缮、维修、改善；传统风貌建筑：维修、改善；其他建筑物：保留、维修、改善、整治。
	4.3.3　应对历史文化街区内与历史风貌冲突的其他环境要素进行整治、拆除。
	4.3.4　当对历史文化街区内与历史风貌有冲突的建筑物、构筑物采取拆除重建的方式时，应符合历史风貌的保护要求；当采取拆除不建的方式时，宜多增加公共开放空间，提高历史文化街区的宜居性。
	4.3.5　应对历史文化街区内的历史环境要素进行调查统计，提出分类保护措施。
道路交通	4.4.1　宜在历史文化街区以外更大的空间范围内统筹交通设施的布局，历史文化街区内不应设置高架道路、立交桥、高架轨道、客货运枢纽、大型停车场、大型广场、加油站等交通设施。地下轨道选线不应穿越历史文化街区。
	4.4.2　历史文化街区宜采用宁静化的交通设计，可结合保护的需要，划定机动车禁行区。
	4.4.3　历史文化街区应优化步行和自行车交通环境，提高公共交通出行的可达性。
	4.4.4　历史文化街区内的街道宜采用历史上的原有名称。
	4.4.5　历史文化街区内道路的宽度、断面、路缘石半径、消防通道的设置应符合历史风貌的保护要求，道路的整修宜采用传统的路面材料及铺砌方式。

续表

内容	说　明
市政工程	4.5.1　历史文化街区内宜采用小型化、隐蔽型的市政设施，有条件的可采用地下、半地下或与建筑相结合的方式设置，其设施形式应与历史文化街区景观风貌相协调。
	4.5.5　在有条件的街巷，宜采用综合管廊、管沟的方式敷设工程管线。
防灾和环境保护	4.6.1　历史文化街区宜设置专职消防场站，并应配备小型、适用的消防设施和装备，建立社区消防机制。在不能满足消防通道及消防给水管径要求的街巷内，应设置水池、水缸、沙池、灭火器及消火栓箱等小型、简易消防设施及装备。
	4.6.2　在历史文化街区外围宜设置环通的消防通道。

注：所列要点摘自《历史文化名城保护规划标准》GB/T 50357－2018。

第二节　真题解析

2008-03. 试题三（共 10 分）

图 7-1-1 为北方某历史文化名城旧城区的一个居住街坊，占地 10.4hm²，居住人口约 4000 人，其东侧紧邻历史文化街区，属于建设控制地带。地段内大部分建筑（除标识层数的以外）为单层合院式建筑，合院建筑为其主要特色，建筑质量较好。地段内还有 2 处文物保护单位。

为保护历史文化名城特色，改善居民生活质量，需要进行地段整治和适当改造。地段北侧为城市主干路，西侧为城市次干路，东、南侧均为支路。根据城市总体规划要求，地段以保护整治和改善交通、基础设施为主，西南角房屋破败，可以进行更新改造，拟建设多层住宅及为街坊服务的商业网点。为疏散交通，鼓励使用公共交通，停车位数量不以一般居住区标准计。

方案除图中标识出的车行路、步行路和新建多层住宅外，其余地段依照总体规划要求按原有院落边界整治、改造，不打破原有城市肌理。

【问题】试分析该方案的优点和缺点，并说明理由。

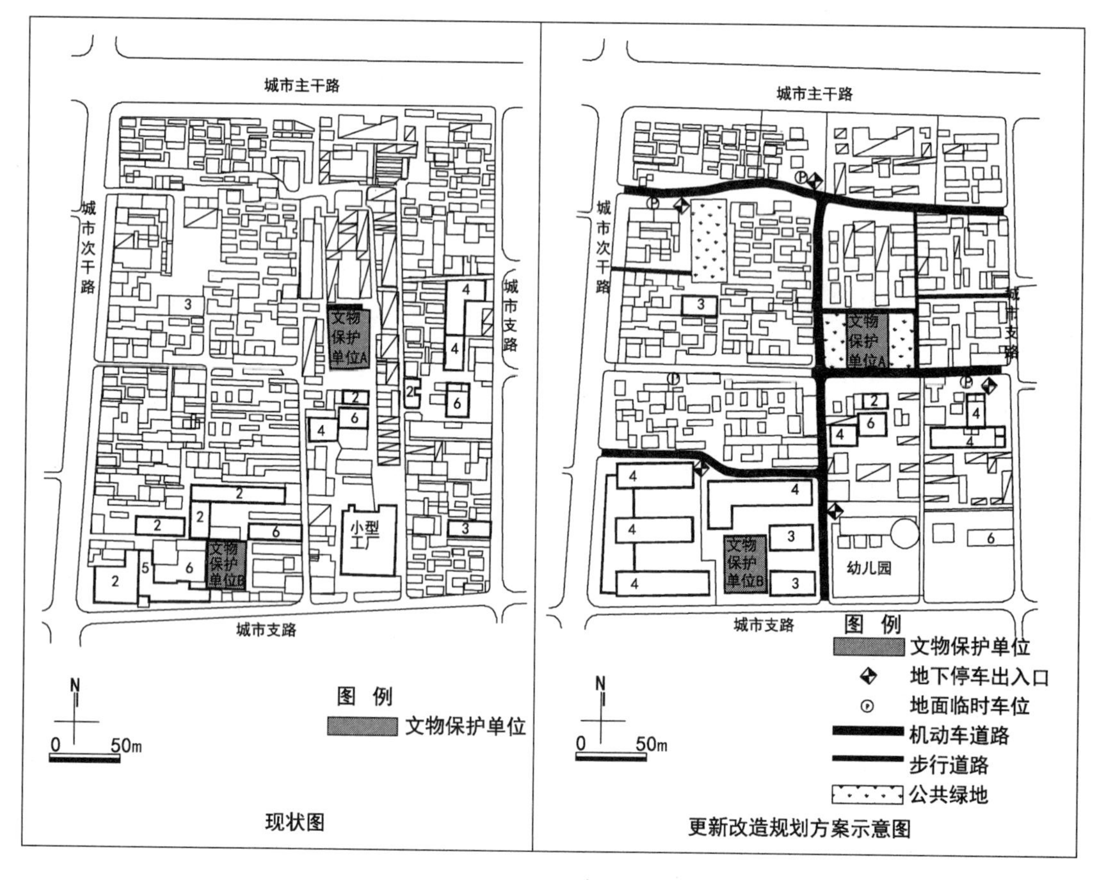

图 7-1-1　现状图及更新改造方案示意图

【答案】

优点：

① 街坊内的环境得到有效改善，增加了绿地；

② 街坊的肌理与各院格局均得到较好保护；

③ 通路交通组织合理，人车分流，减少了干扰；

④ 迁走工厂，增加了幼儿园、停车场等公共服务设施。

缺点：

① 东西向车行路的选线破坏了文物保护单位 A 的依存环境；

② 西南角新规划的建筑与周围环境不协调；

③ 西面次干路的出入口偏多。

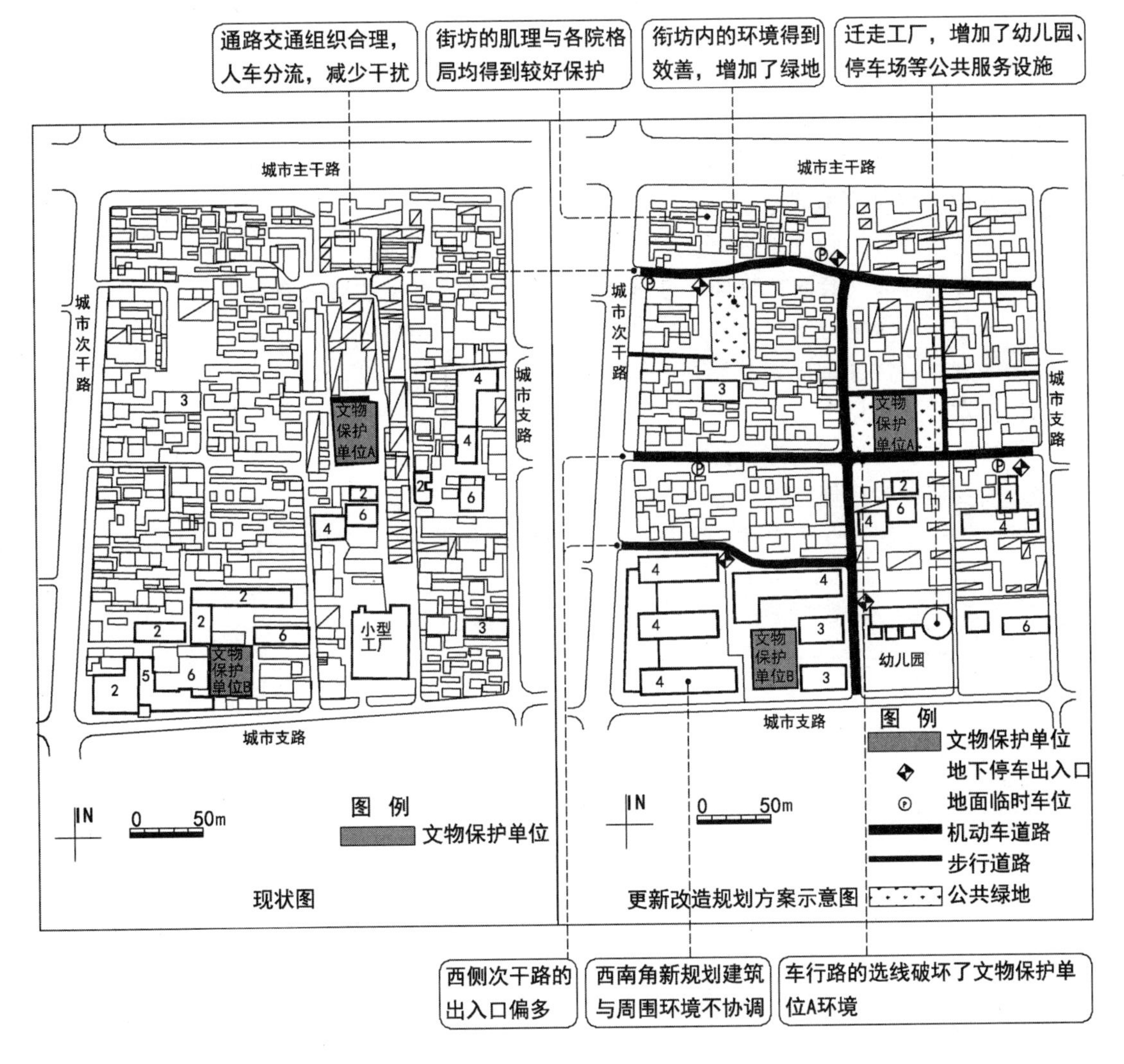

图 7-1-2　解析图示

2017-05. 试题五

某国家历史文化名镇开展镇区环境综合整治，拟在符合已批准的历史文化名镇保护规划的前提下，在核心区内拆除部分危房（非历史建筑）；同时新增必要的小型公益性服务设施，改善基础设施条件。

试问，该环境整治项目的主要规划程序有哪些，哪些事须由规划部门会同文物部门办理或征求文物部门意见?

【答案】

1. 该项目的主要规划程序有：

① 委托具有相应城乡规划资质的规划设计单位编制规划方案。

② 组织专家论证方案的可行性。

③ 征求地段内利害关系人意见，给利害人造成损失的应依法予以补偿。

④ 方案公告 30 日征求公众意见、征求部门意见。

⑤ 由名镇所在县县政府将规划方案及意见征集及采纳情况报所在省、自治区、直辖市人民政府审批。

⑥ 及时公布规划（经批准后）。

⑦ 办理《建设用地规划许可证》。

⑧ 办理《建设工程规划许可证》。

2. 须由规划部门会同文物部门办理或征求文物部门意见的事项有：

① 编制整治规划方案。

② 编制控制性详细规划及规划条件拟定。

③ 核发选址意见书。

④ 核发建设用地规划许可证。

⑤ 核发建设工程规划许可证。

⑥ 拆除核心区内非历史建筑的部分危房和增建小型公益性服务设施。

第八章　规划条件的拟定、核实与变更

第一节　要点概述

一、规划条件的内容

规划条件的内容　　表 8-1-1

规划条件	内　容
用地情况	包括用地性质、边界范围（包括代征道路及绿地的范围）和用地面积。
开发强度	即规划控制指标，包括总建筑面积、人口容量（指导性指标）、容积率、建筑密度、绿地率、建筑高度控制等。
建筑退让与间距	建筑退让“四线”，即道路红线、城市绿线、河道蓝线、历史街区和历史建筑保护紫线，建筑间距、日照标准、与周边用地和建筑的关系协调。
交通组织	包括道路开口位置、交通线路组织、主要出入口、与城市交通设施的衔接、地面和地下停车场（库）的配置及停车位数量和比例。
配套设施	包括文化、教育、卫生、体育、市场、管理等公共服务设施和给排水、燃气、热力、电力、电信等市政基础设施。
城市设计	建筑形态、尺度、色彩、风貌、景观、绿化以及公共开放空间和城市雕塑、环境景观等要求。
公共安全	满足防洪、抗震、人防、消防等公共安全的要求。
其他特殊要求	如地段内需保留和保护的建筑和遗迹、古树名木，地下空间开发和利用，其他特殊审批程序要求等。

注：规划条件分为规定性和指导性条件，规定性条件是建设单位必须遵守的，指导性条件是建设单位可以根据建设项目的具体情况尽量遵守的。

① 规定性条件：一般包括用地范围、土地性质、开发强度（不包括人口容量）、环境指标中的绿地率、建筑间距和日照标准、交通组织、相邻关系、市政设施、公共设施、“四线”管制、公共安全等内容。

② 指导性条件：一般包括人口容量、环境指标中的绿化覆盖率和空地率、环境景观、城市设计等要求。城市设计一般依据城市设计导则拟定，不排除在特殊地段（如历史保护地段）某些城市设计条件上升为规定性条件。

二、规划条件的变更

规划条件作为用地规划许可的核心内容和国有土地使用权出让合同的重要组成部分，涉及建设项目开发强度等多项规划指标，一般情况不得变更。确需变更的，必须由相关单位向城乡规划主管部门提出申请并说明变更理由，由规划主管部门依法按程序办理。

规划条件的变更程序 **表 8-1-2**

程序	内　　容
申请与受理	申请：建设单位（委托代理人）应当到城乡规划主管部门行政许可“窗口”以书面方式提出申请，或者通过城乡规划公众信息网以电子邮件等方式提出申请。申请一般应当具备以下材料： ①《规划条件变更申请表》（规划部门提供的标准格式文书）； ② 建设单位（委托代理人）合法身份证明材料和委托授权书； ③ 国有土地使用权划拨合同（以划拨方式取得建设用地）、国有土地使用权出让合同（以出让方式取得建设用地）或国有土地使用权转让合同（以转让方式取得建设用地）； ④《建设用地规划许可证》及其附件； ⑤ 变更规划条件专题报告（说明变更的目的、理由及依据）； ⑥ 变更规划条件专家咨询（评审）意见（根据地方规定 需要的）； ⑦ 法律、法规规定的其他材料。
	受理：① 依法不能够变更规划条件的，应当即时告知申请单位不予受理，并发放《规划条件变更申请不予受理通知书》。 ② 申请材料不齐全或不符合法定形式的，应当即或五日内一次性告知申请单位需要补正的全部内容，并发放《规划条件变更补正材料告知书》，逾期不告知的自收到申请材料之日起即为受理。 ③ 申请材料齐全符合法定形式的，受理规划行政许可申请，发放《规划条件变更受理通知书》。 ④ 受理后由“窗口”负责人将申请材料录入办公自动化系统，发送至相关业务科室。
公开与听证	① 涉及公共利益的重大建设项目规划条件变更须向社会公告，并举行听证会。 ② 涉及申请人与他人之间重大利益关系的规划条件变更，在做出变更前，应当告知申请人、利害关系人享有要求听证的权利；申请人、利害关系人在被告知听证权利之日起五日内提出听证申请的，城乡规划行政主管部门在二十日内组织听证会。 ③ 听证笔录应该作为规划条件变更决定的重要依据。

续表

程序	内　容
审查与决定	① 审查依据：是否符合建设项目所在区域的依法批准的控制性详细规划。 ② 审查与决定程序：根据城乡规划主管部门内部审查与决定的程序进行。一般情况下，先经过业务科（处）室初审，提出初步意见，报分管领导复审，再经局（委）业务会审查决定，最后由行政负责人签字颁发。根据地方规定须上报人民政府或城市规划委员会审批的应上报。
颁发与公开	证件颁发 ① 不予变更的发放《不予规划条件变更决定书》，同时告知申请单位享有依法申请行政复议或者提起行政诉讼的权利。 ② 准予变更的申请发放《准予规划条件变更决定书》，并向申请单位颁发新的规划条件。 后续程序和批后公开。 城乡规划主管部门应当及时将依法变更后的规划条件通报同级土地主管部门（一般在建设单位与土地主管部门），根据新的规划条件重新签订国有土地使用权出让合同并调整土地出让金以后，公告撤销并收回原《用地规划许可证》及其附件，同时颁发新《用地规划许可证》及其附件，并及时将新颁发的规划行政许可决定在报纸、网站、局办事窗口予以公开。
时限	规划条件变更符合行政许可法对一般行政许可事项的规定，行政机关应当自受理行政许可申请之日起二十日内做出不予或准予规划条件变更的决定。二十日内不能做出决定的，经本行政机关负责人批准，可以延长十日，并应当将延长期限的理由告知申请人。根据地方规定须上报市政府或城市规划委员会审批的，其时间一般不计入时限。但是，法律、法规另有规定的，依照其规定。

注：根据地方规定需要进行专家咨询论证的，建设项目规划条件变更应当组织专家咨询论证后方能向规划主管部门申请变更。

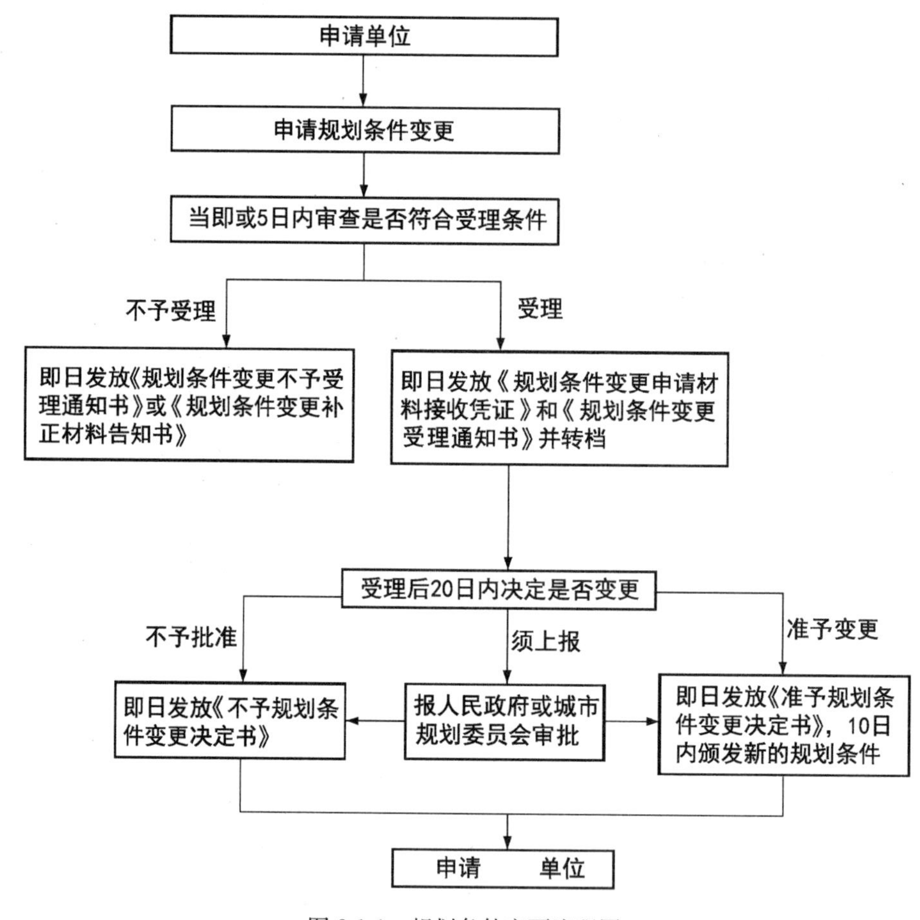

图 8-1-1　规划条件变更流程图

审查要点和操作要求　　表 8-1-3

内容	说　明
审查要点	符合依法批准的控制性详细规划是规划条件变更的基本前提。
操作要求	① 对于符合控制性详细规划的，根据规定须上报人民政府或城市规划委员会审批，经上报批准后方可变更规划条件。 ② 申请变更规划条件如果不符合控制性详细规划的，城乡规划主管部门不得批准。如果城乡规划主管部门认为这种变更确实是必要的，就应当先按照法律规定的程序，首先依法对控制性详细规划的内容进行修改，这是变更规划条件必须遵循的原则。

第二节　教材实例与真题解析

实例 1. 某商业综合体变更用地性质

某建设单位通过土地拍卖取得一宗商业用地拟建设大型商业综合体，与土地主管部门签订了《国有土地使用权出让合同》，并向规划主管部门申请办理了《建设用地规划许可证》和《建设工程规划许可证》。但在项目实施过程中，大部分原住居民要求回迁安置，与原计划采取货币补偿和异地安置的方式发生重大变化。为此，该建设单位向规划部门提出了变更规划条件的申请，将原商业用地变更为商住混合用地，减少原批准方案中的一部分商务办公楼面积，增加一栋住宅安置回迁居民，容积率等其他规划指标保持不变。

经规划主管部门审查，该项目拆迁工作确实遇到实际困难，将用地性质调整为商住混合用地具有一定的合理性，且依据批准的控制性详细规划，该地块用地性质为商住混合用地，规划专家咨询委员会意见同意变更。规划主管部门按规定程序报市政府批准后，同意该项目变更规划条件，重新核定了商业和住宅建设规模，要求修改规划与设计方案，注意组织好住宅与商业的人流、车流，避免相互干扰。同时，规划主管部门及时将变更后的规划条件通报土地主管部门并公示，建设单位与土地主管部门依据新的规划条件，依法按程序重新签订了《国有土地使用权出让合同》并调整了国有土地出让金。

实例 2. 某市第一中学变更规划指标

某市第一中学获得选址意见书后向规划主管部门申请建设用地规划许可证，规划条件中规定容积率在 0.6 以下，按照 3500 人的师生总数，总建筑面积＜$21000m^2$。由于服务范围的扩大，该校需增加招生规模，申请变更规划条件，提出将容积率提高到 0.7，建筑面积增加到 $27000m^2$。

经规划主管部门审查，该项目申请适当提高容积率具有一定的合理性，且依据批准的控制性详细规划，该地块用地性质为中学用地，容积率为 0.8，该校提出的规划条件调整符合控制性详细规划要求，规划专家咨询委员会意见为同意变更。为支持教育事业发展，规划主管部门在按规定程序报市政府批准后，同意该项目变更规划条件，适当提高容积率。同时，规划主管部门及时将变更后的规划条件通报土地主管部门并公示。

2008-004. 试题四（共 15 分）

某县级市为发展当地经济，拟出让县政府所在镇中心区的一块规划建设用地的土地使用权，该市规划行政主管部门依据镇中心区的控制性详细规划提出了规划条件。

甲房地产开发公司通过土地市场公开交易的方式，取得了该用地的土地使用权，并与土地行政主管部门签订了土地使用权出让合同。出让合同中明确了出让地块的位置、使用性质、容积率、绿地率和需要同步建设的公共服务设施等要求，但未对建筑高度做出明确规定。

甲公司在组织编制修建性详细规划时，为了突出企业形象和便于建筑布局，向规划行政主管部门提出了以下要求：①将用地内原规划安排在西北角的消防站调整到用地东北角。②在维持其他规划条件不变的前提下，将用地东南角三栋住宅楼的建筑高度由 18m 增加到 30m，如图 8-2-1。

该市规划行政主管部门经委托省规划院进行专题论证，认为甲公司提出的要求不违背镇总体规划，也有利于城市景观和城市功能布局优化。

【问题】

1. 甲公司在通过公开交易的方式取得土地使用权后，是否还可以向市政规划行政主管部门提出变更规划条件的申请？为什么？

2. 该市规划行政主管部门是否可以依法批准甲公司的以上申请？为什么？依法批准必须履行的程序是什么？

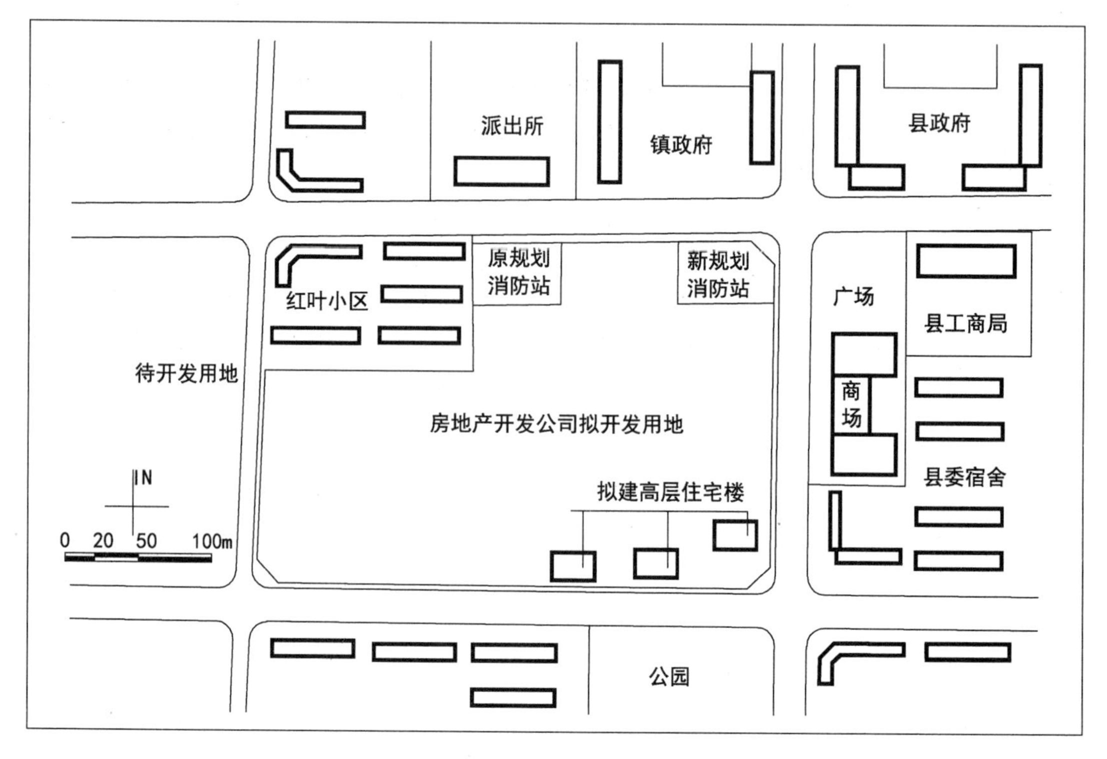

图 8-2-1　某地块修建性详细规划示意图

【答案】

1. 根据《中华人民共和国城乡规划法》第四十三条规定，确实需要变更规划条件的，必须向城市、县人民政府城乡规划主管部门提出申请。

2. 规划部门依据法律、法规，做出是否批准的决定。

① 对于符合控制性详细规划的，根据规定须上报人民政府或城市规划委员会审批，经上报批准后方可变更规划条件。

② 申请变更规划条件如果不符合控制性详细规划的，城乡规划主管部门不得批准。如果城乡规划主管部门认为这种变更确实是必要的，就应当先按照法律规定的程序，首先依法对控制性详细规划的内容进行修改，这是变更规划条件必须遵循的程序。

控制性详细规划的修改必须履行的程序是：

① 组织专家进行控规修改论证；

② 征求地段内利害关系人的意见；

③ 提出控制性详细规划修改报告，报原批准机关同意；

④ 修改控制性详细规划，并依据法定程序批准；

⑤ 向土地部门通报变更后的规划条件，并进行公示。

【解析】本题相关法规及其条文如下：

《中华人民共和国城乡规划法》

第四十三条：建设单位应当按照规划条件进行建设；确需变更的，必须向城市、县人民政府城乡规划主管部门提出申请。变更内容不符合控制性详细规划的，城乡规划主管部门不得批准。城市、县人民政府城乡规划主管部门应当及时将依法变更后的规划条件通报同级土地主管部门并公示。建设单位应当及时将依法变更后的规划条件报有关人民政府土地主管部门备案。

第四十八条：修改控制性详细规划的，组织编制机关应当对修改的必要性进行论证，征求规划地段内利害关系人的意见，并向原审批机关提出专题报告，经原审批机关同意后，方可编制修改方案。修改后的控制性详细规划，应当依照本法第十九条、第二十条规定的审批程序报批。控制性详细规划修改涉及城市总体规划、镇总体规划的强制性内容的，应当先修改总体规划。修改乡规划、村庄规划的，应当依照本法第二十二条规定的审批程序报批。

第二十六条：城乡规划报送审批前，组织编制机关应当依法将城乡规划草案予以公告，并采取论证会、听证会或者其他方式征求专家和公众的意见。公告的时间不得少于三十日。组织编制机关应当充分考虑专家和公众的意见，并在报送审批的材料中附具意见采纳情况及理由。

2008-05. 试题五（共 15 分）

某市中心区的一个拟改造地段，占地 41.1hm²，现状基本为工业，其中有少量质量完好、有历史保留价值的工业厂房，应保护和合理利用；该地段拟按总体规划确定的居住用地要求进行改造。地段北侧为保留的工业用地，现多为机械工业，有噪声干扰；西侧为地方铁路；南侧为已建成十年的居住区，配套公建明显不足。(地段现状详见图 8-2-2)

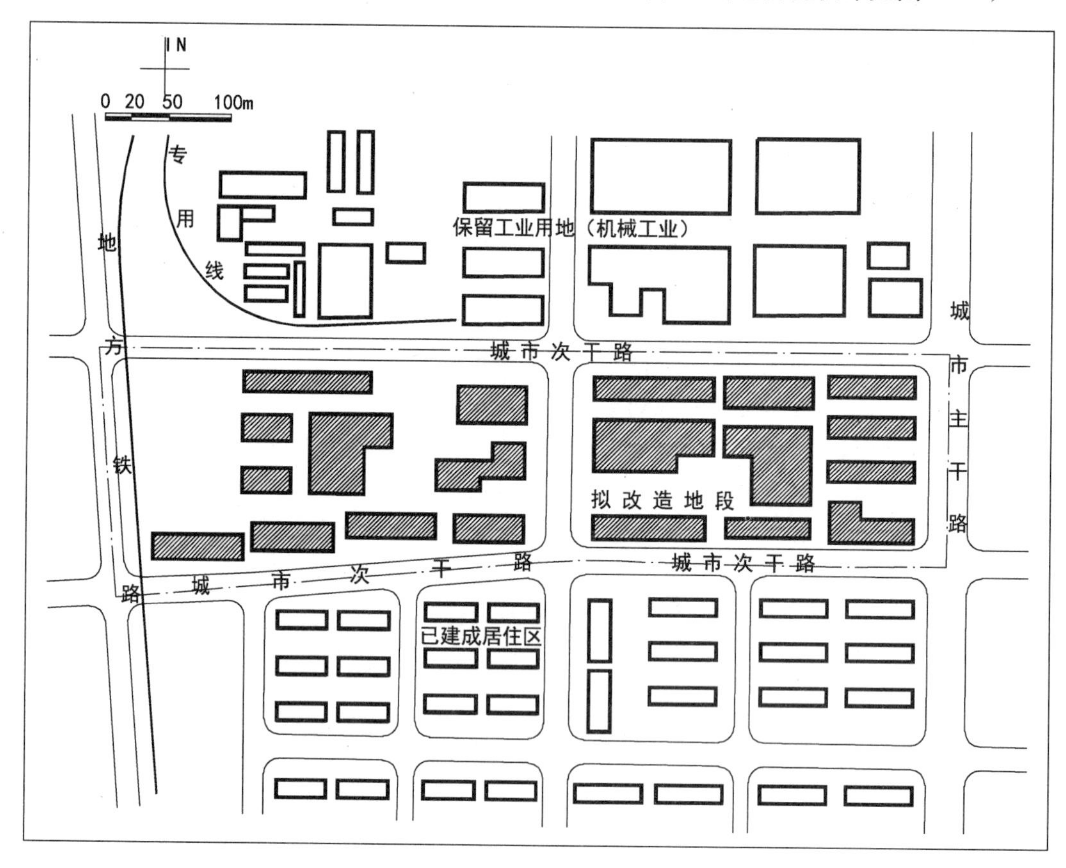

图 8-2-2　拟改造地段现状示意图

已给定的规划设计条件是：

(1) 用地情况、规划性质、边界条件、规划用地面积；

(2) 建筑限高、建筑后退及间距规定；

(3) 容积率与建筑密度指标；

(4) 小区绿地配置要求；

(5) 市政公用设施及道路的配置要求；

(6) 地块内应保留的市政设施；

(7) 遵守事项：规划设计条件的时限，规划方案编制、报审及建设项目相关手续申报须符合的有关规范和规定要求。

【问题】在城市规划行政主管部门已给定的该地段规划设计条件的基础上，补充必要的规划设计条件。

【答案】

① 配套设施：规划新建的公建配套设施要满足新建社区的需要，同时对老居住区配套不足部分做适当补充；

② 交通组织：确定该小区的出入口，与周围的道路相衔接；

③ 特殊要求：明确地段内需保留的工业建筑；

④ 建筑退让：应在地段北侧留出一定宽度的绿化带，以隔离噪声干扰；
在西侧铁路沿线应按规定设置防护绿化带；

⑤ 城市设计：注意小区内建筑形式与环境的要求，并与周围环境相协调。

2010-06. 试题六：(规划条件补充，15 分)

某市政府为了缓解城市居民住房问题，决定在城市中心区北部的浅山地带集中建设 30 万 m² 的经济适用房（如图 8-2-3）。该市城市规划行政主管部门依据控制性详细规划已经给出了如下部分规划条件：

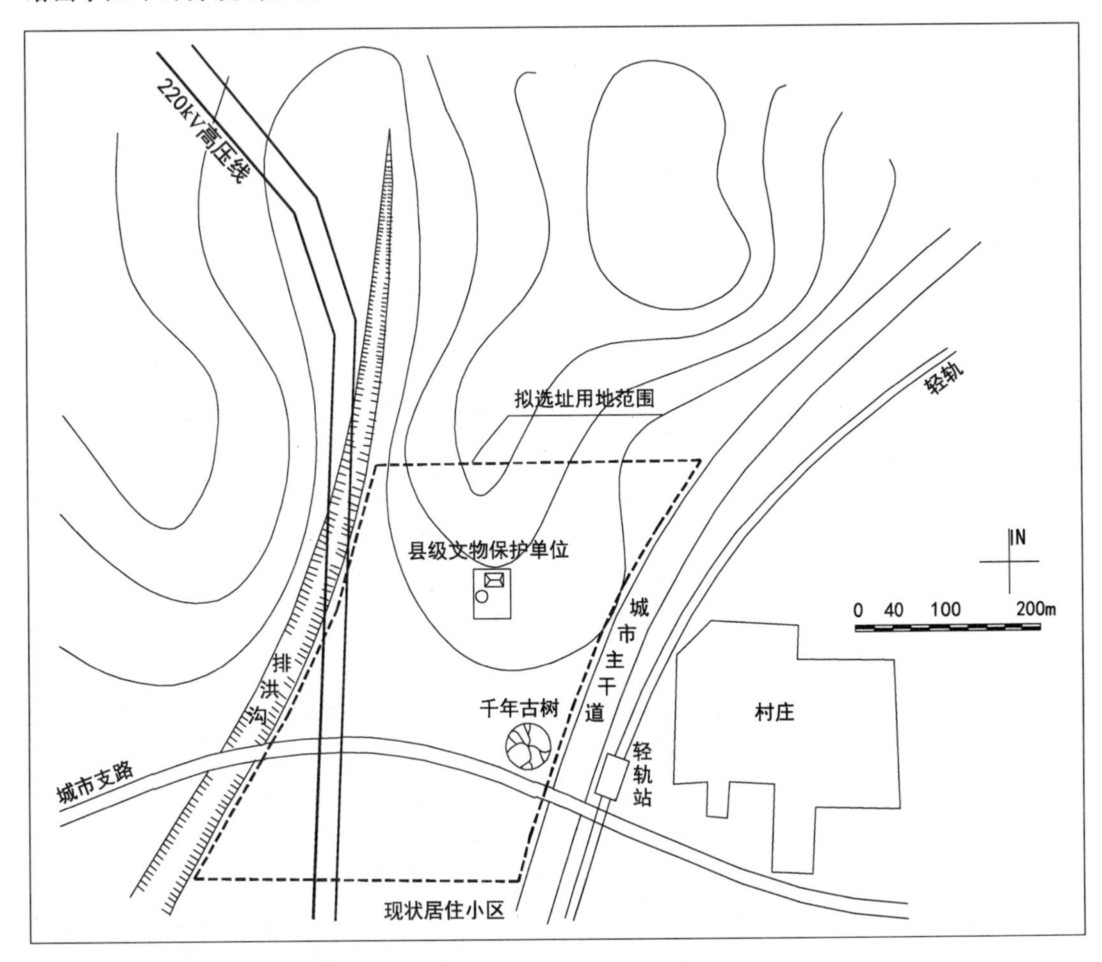

图 8-2-3　某拟建经济适用房小区用地及周边环境示意图

1. 土地使用强度：包括容积率、建筑高度、建筑密度等要求；

2. 绿地：包括绿地率、人均公共绿地面积等要求；

3. 空间布局：包括建筑间距、日照标准等要求；

4. 公共服务设施配套要求；

5. 市政设施：包括给排水、燃气、热力、供电、通信、有线电视等设施的配置要求；

6. 文物保护单位的要求；

7. 城市景观和环境协调要求；

8. 地形改造及地下空间利用要求。

试根据相关法律、法规、规范标准和有关政策，将规划条件补充完整。

【答案】

1. 用地情况：用地性质、用地面积、用地范围。

2. 土地开发强度：总建筑面积、人口容量。

3. 建筑退让：建筑退让道路红线、城市绿线、河道蓝线、文物保护紫线、退让高压线的要求。

4. 交通组织：开口位置、交通线路组织、停车位数量及地上地下车位数量的比例。

5. 公共安全：防洪、抗震、消防、人防等要求。

6. 城市设计：建筑形态、色彩、体量、风格要求，以及内部环境绿化要求，充分利用地形地貌。

7. 其他：千年古树位置确定与保护，地块与轻轨及周边功能的衔接。

2011-05. 试题五（15分）

某县城一地块北依北山风景区，南邻南湖，现状东、西侧均为二类居住用地。控制性详细规划确定该地块用地性质为二类居住用地，建筑高度不高于15m，容积率不大于1.5，建筑密度不大于35%，根据控制性详细规划制定的规划条件已包含在土地出让合同中。A公司经土地市场取得该地块土地使用权（规划建设用地范围如图8-2-4中图1所示）。规划行政主管部门已核发建设用地规划许可证和建设工程规划许可证。A公司依法开工后，在基础施工过程中发现基地内有宋代墓葬。文物管理部门经考古勘探，确定其为县级文物保护单位，会同规划行政主管部门划定并公布了文物保护范围和建设控制地带。县政府办公会会议纪要确定，文物保护范围的用地性质调整为对社会开放的街头游园，要求A公司调整建设方案（调整后的建设用地范围如图8-2-4中图2所示）。由于建设用地范围调整后造成A公司的损失，A公司向规划行政主管部门提出申请，要求将规划容积率调整为1.6，其他规划条件不变。为补偿该公司的损失，规划行政主管部门经初步分析，原则同意了该要求。

试问1. 该出让地块的规划条件是否可以变更？并简述其理由？

2. 若规划条件可以变更，在核发新的建筑工程规划许可证前，规划管理部门须经过哪些基本工作程序？若规划条件不可以变更，是否需要核发新的建设用地规划许可证和建设工程规划许可证？

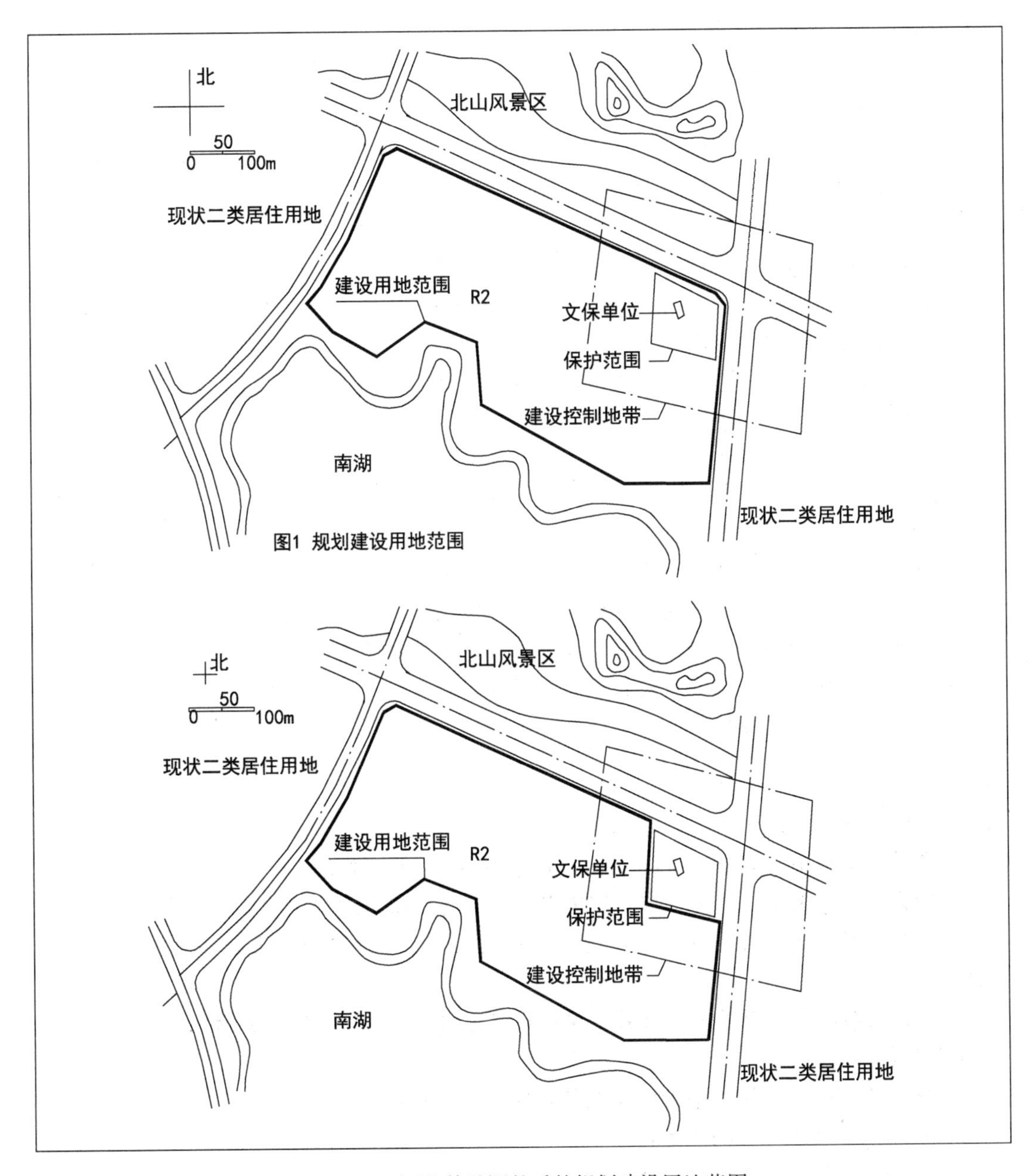

图 8-2-4　调整前及调整后的规划建设用地范围

【答案】

1. 可以变更规划设计条件：

① 根据相关规范，在建设用地规划许可证发放后，因依法修改城乡规划给被许可人合法权益造成损失的，应当依法给与补偿；

② 本建设项目在原规划用地中提供一处用地作为绿地，为城市提供公共空间，可以给予容积率奖励，从 1.5 提高到 1.6，只要不影响景观，经利害关系人同意后，可以同意提高；

2. 规划局应做如下工作：

① 先修改规划条件，在剔除新设立的县级文物保护单位，并留出足够的防护距离后，划定新的范围，把容积率定为1.6；

② 要求建设单位根据新的规划条件重新编制修建性详细规划；

③ 举行论证会、听证会、组织专家论证，征求规划地段内利害关系人的意见，确定不影响城市原有山水眺望系统，经利害关系人同意，并向原审批机关提出专题报告，经原审批机关同意后，根据修建性详细规划调整控制性详细规划。

④ 修改后的控制性详细规划，应当依照《城乡规划法》规定的审批程序报批；

⑤ 规划局应当及时将依法变更后的规划条件报同级土地主管部门并公示；

⑥ 建设单位应及时将依法变更后的规划条件报有关人民政府土地主管部门备案；

⑦ 重新签土地出让合同；

⑧ 领取新的建设用地规划许可。

【解析】本题相关法规及其条文如下：

《中华人民共和国城乡规划法》

第五十条：在选址意见书、建设用地规划许可证、建设工程规划许可证或者乡村建设规划许可证发放后，因依法修改城乡规划给被许可人合法权益造成损失的，应当依法给予补偿。经依法审定的修建性详细规划、建设工程设计方案的总平面图不得随意修改；确需修改的，城乡规划主管部门应当采取听证会等形式，听取利害关系人的意见；因修改给利害关系人合法权益造成损失的，应当依法给予补偿。

2014-05. 试题五（15分）

某房企经土地拍卖取得一块约60hm² 的居住用地的土地使用权，办理了相关规划许可，但搁置了3年未动工建设。市政府决定依法收回该幅土地并采纳市人大代表建议，为改善城市生态环境和招商引资条件，适当增加绿地和商业用地，重新入市，尽快实施建设。

试问：为落实市政府要求，市城乡规划部门应依法履行哪些工作程序？

【答案】

1. 履行无偿收回该幅土地的使用权的程序，撤销行政许可。

2. 履行依法修改控规的法定程序：

① 组织论证修改控制性详细规划的必要性；

② 征求规划地段内相关利害关系的人意见，必要时组织听证程序；

③ 向控规的原审批机关提出控规修改专题报告，经原审批机关同意后，方可组织编制修改方案；

④ 涉及修改土地使用性质、增加绿地及商业用地等强制性内容的，应先修改总体规划；

⑤ 修改方案重新按照法定程序审批、报本级人大常委会和上级政府备案；

⑥ 重新审批的规划条件通报同级土地管理部门并公示。

【解析】本题相关法规及其条文如下：

《中华人民共和国城市房地产管理法》（2009年修正）

第二十六条：以出让方式取得土地使用权进行房地产开发的，必须按照土地使用权出让合同约定的土地用途、动工开发期限开发土地。超过出让合同约定的动工开发日期满一年未动工开发的，可以征收相当于土地使用权出让金百分之二十以下的土地闲置费；满二年未动工开发的，可以无偿收回土地使用权；但是，因不可抗力或者政府、政府有关部门的行为或者动工开发必需的前期工作造成动工开发迟延的除外。

《中华人民共和国城乡规划法》

第四十八条：修改控制性详细规划的，组织编制机关应当对修改的必要性进行论证，征求规划地段内利害关系人的意见，并向原审批机关提出专题报告，经原审批机关同意后，方可编制修改方案。修改后的控制性详细规划，应当依照本法第十九条、第二十条规定的审批程序报批。控制性详细规划修改涉及城市总体规划、镇总体规划的强制性内容的，应当先修改总体规划。修改乡规划、村庄规划的，应当依照本法第二十二条规定的审批程序报批。

第九章　违法用地、违法建设的界定与查处

第一节　要点概述

一、违法用地、违法建设的界定

违法建设的检查与处罚是城乡规划管理的重要组成部分，是城乡规划行政主管部门对建设工程审批后进行继续管理和检查未经审批进行建设活动的一项重要工作。违法用地、违法建筑、违法建设工程统称为违法建设。

违法建设类型　　**表 9-1-1**

类型	说　明
无证	在未取得建设用地规划许可证和在经批准的临时用地上进行永久性建设工程
	未取得建设工程规划许可证的建设工程
	未经批准的临时建设工程
违证	未按照建设工程规划许可证的规定或擅自变更批准的规划设计图纸的建设工程
	未按照批准内容进行临时建设的工程
逾期	临时建筑物、构筑物超过批准期限不拆除的
越权	城乡规划行政主管部门违反职责和权限，不按照法律、法规、规章规定批准建设项目

二、违法用地、违法建设的查处

检查和处罚违法建设的准则　　**表 9-1-2**

准则	说　明
依法查处	必须严格按照国家和地方的法律、法规、规章进行查处。
及时处理	一经发现违法建设，就应当从速查处，以避免更大的损失。
准确判断	不仅违法事实清楚、证据确凿，而且对违法情节和性质判断得当、处罚公正。
公开处罚	对违法建设的处罚全过程一定要公开，以接受社会监督。
处罚与教育相结合	对违法建设的处罚是一种教育手段，不仅要教育违法的当事人，也要对其他人起到教育作用，使当事人和其他人受到一次生动的法制教育。

行政处罚制度 表 9-1-3

要求	说　明
事先告知制度	城乡规划行政主管部门必须在作出行政处罚决定之前告知当事人，将准备做出行政处罚决定的事实、理由和依据以及当事人依法享有的权利告知当事人。
陈述申辩制度	如果建设单位或个人对城乡规划行政主管部门告知的内容有异议，有权进行陈述和申辩，包括依法要求听证；城乡规划行政主管部门不得因当事人申辩而对其加重处罚。
审查决定制度	案件的调查人员与做出行政处罚决定的人员要分开；一般案件，由监督检查人员查明案件事实后，提交城乡规划行政主管部门有关负责人进行审查和决定；对重大案件必须由行政机关领导集体讨论决定。
政府监督制度	城乡规划行政主管部门应当建立、健全对行政处罚的监督制度；县级以上人民政府应当加强对行政处罚的监督检查；城乡规划行政主管部门对有关行政处罚的申诉和检举要认真审查，发现确有错误，应当主动改正。
罚缴分离制度	依照有关法律规定，城乡规划行政主管部门对建设单位或个人做出罚款的行政处罚决定，都应当由当事人自己到指定的银行缴纳罚款；银行必须将收受的罚款全部上缴国库。

处罚违法建设的程序 表 9-1-4

程序	说　明
立案	城乡规划行政主管部门一经发现违法建设，就应及时向违法建设单位下达停工通知书；责令违法建设停止施工，听候处理；同时，将违法建设活动的项目名称、具体位置、建设规模、发现时间、停工通知书送达时间等一一记录在案；并据违法事实报请有关领导批准立案。
调查取证	由两位执法人员共同进行；应到违法建设现场踏勘，找当事人谈话，了解违法行为的产生及经过，并制做笔录；对违法建设进行实地丈量，绘制违法建设平面示意图，查看施工进度记录，取得施工图纸、协议、合同、会议纪要、有关证书、物证，了解设计单位、施工单位、建设单位负责人及其建设工程的具体负责人并通知他们到城乡规划行政主管部门谈话等。同时告知违法者的有关人员他们应有的权利，如陈述权、申辩权等。

续表

程序	说　　明
做出处罚决定	分级上报：根据影响城市规划的情况，依据有关法律、法规和规章的规定，根据违法建设事实、情节，城乡规划行政主管部门的执法人员经过分析和判断，提出对违法建设处理的初步意见，写成报告报主管处长（或主管科长）审核。如果违法建设面积不大、对城乡规划影响不大的，可由处长（科长）审批。规模较大或者严重影响城乡规划的、或者情节恶劣的违法建设应报主管局长审批。重大的违法建设（面积大、地区重要、对规划影响大、情节严重等情况）应由主管局长报请局长或局长办公会议讨论决定。 告知违法者：在做出处罚决定之前，应将处罚理由、依据、违法事实、拟作出何种处罚等情况告知违法者，并告知其陈述权、申辩权和要求听证权，还应告知其在接到处罚决定之后，对处罚决定不服的，有申请行政复议权和向人民法院提起诉讼的权利。
送达	处罚决定书按有关规定送达违法建设单位或个人，并经签字，注明送达日期；送达方式按一般要求办理。
执行或申请法院强制执行	违法建设单位或个人，受到城乡规划行政主管部门行政处罚后，应当主动执行，如不主动执行，执法人员应督促其执行；如对城乡规划行政主管部门的处罚决定，违法者既不申请复议，也不履行处罚决定，又不向人民法院起诉，说明违法者已经放弃了应有的权利，由做出处罚决定的城乡规划行政主管部门向人民法院申请强制执行。

查处违法建设的操作要求-1　　**表 9-1-5**

操作步骤	操作要求
掌握信息	及时掌握违法建设活动的信息是处理违法建设的前提；其信息主要来自四个渠道： ① 是公民、法人和其他组织的举报； ② 是违法建设的单位或者个人主动报告； ③ 是城乡规划行政主管部门在审核建设工程项目时发现； ④ 是规划监督检查人员在对建设工程跟踪检查和日常巡视检查时发现。 对获得的违法建设信息应当及时登记，并指派专人查处违法建设案件。

续表

操作步骤	操作要求
准备资料	监督检查人员受理违法建设案件以后，应当首先弄清三个问题： ① 是违法建设所在地的规划情况； ② 是违法建设所在地的地形、地貌资料； ③ 是查实城乡规划行政主管部门是否核发了规划许可证件以及规划许可证件核准的内容。确认是无证建设还是违证建设。
现场查勘	规划管理监督检查人员在进行现场查勘时，应当查明以下几个问题： ① 是违法建设的准确地点； ② 是违法建设的单位名称（应是全称）和法人名称，或者个人姓名；违法建设的设计单位和施工单位名称； ③ 是违法建设的工程名称； ④ 是违法建设的工程内容； ⑤ 是违法建设的事实，如工程结构、层数、高度、长度和宽度； ⑥ 是违法建设是否侵占道路规划红线，是否退让道路规划红线，是否侵占绿化用地，是否侵占河道蓝线，是否占压市政管线，是否占用高压线走廊，是否属文物保护单位或优秀近代建筑保护单位的保护范围或者建设控制地带，是否占用学校、体育和公共活动用地等； ⑦ 是违法建设是否经有关部门批准同意； ⑧ 是相邻单位或者居民对违法建设的反映。 上述情况查明后应当认真制作现场查勘记录，并应当绘制现场示意图和进行现场拍照或者摄像，获取充分的证据；当确认是违法建设的，应当在现场口头通知建设单位或者个人以及施工单位立即停止施工，并告知听候处理。
草拟调查报告	监督检查人员在完成违法建设现场查勘取证工作以后，应当根据不同情况，分别书面通知建设单位（或者个人）、设计单位、施工单位的负责人到城乡规划行政主管部门进行谈话，并制作笔录，在笔录上分别签名或者盖章； 必要时可以通知其分别报送违法建设、违法设计、违法施工情况的书面报告； 监督检查人员根据现场调查情况和谈话、报送来的书面报告草拟调查报告，提出处理意见的建议； 监督检查人员按照主管领导审核同意的处理意见，负责办理有关文书。

查处违法建设的操作要求-2 表 9-1-6

操作步骤	操作要求
通知停工	对在建的违法建设工程，经主管领导批准，应当及时发出停工通知书； 停工通知书可采用专人送达或者邮寄两种方式： ① 专人送达时应当由建设单位或者个人、施工单位在“送达证”上签名，如遇到拒收“停工通知书”时，应当有街道、居委会干部或者在现场的其他人员签注见证意见； ② 采用邮寄方式时，应当将邮寄回执贴在“送达证”上。 对于不顾停工通知继续施工的，可与有关部门依法协同实施，甚至申请人民法院强制执行。
实施处罚	城市规划行政主管部门对应当给予行政处罚的建设单位或者者个人、施工单位、设计单位下发行政处罚决定书； 行政处罚决定书除送达被处罚的单位或者个人外，应当备份，留作该案件档案资料； 行政处罚决定书可采用专人送达方式，具体要求与停工通知书相同。

违法建设调查报告的起草 表 9-1-7

内容	内容细则
当城乡规划行政主管部门的规划监督检查部门接到举报或者从有关渠道获悉某地（或单位或某人）正在进行违法建设活动，经派人员到现场核实，责令停工、听候处理，并经立案、调查取证，获得详细情况和确凿证据，又经分析、研究，做出判断，认为属违法建设；应根据有关法律、法规和规章的规定给予行政处罚，向领导提出行政处罚的初步意见，呈请领导审批。将以上整个过程写成报告，这就是违法建设调查报告的起草工作。调查报告是行政处罚决定书的基础，在违法建设调查报告的起草中，应当包括右侧几方面的内容：	① 违法建设的基本情况。说明违法建设发生于何时、何地、何人（单位）所为，有何原因，被调查后的态度，并将实地调查的违法建设面积、层数、高度等情况一一列举，同时附上示意图。
	② 调查违法建设的工作情况。除了上述实地丈量之外，将找了何人谈话一一列举，如与违法单位的负责人（或个人）、负责工作人员、施工队长、设计人员等谈话，并将所有谈话笔录附于报告之后。
	③ 取得实物证据。将收集到的施工图纸、协议、合同、会议纪要等文件，资料集中附于报告之后。

续表

内容	内容细则
当城乡规划行政主管部门的规划监督检查部门接到举报或者从有关渠道获悉某地（或单位或某人）正在进行违法建设活动，经派人员到现场核实，责令停工、听候处理，并经立案、调查取证，获得详细情况和确凿证据，又经分析、研究，做出判断，认为属违法建设；应根据有关法律、法规和规章的规定给予行政处罚，向领导提出行政处罚的初步意见，呈请领导审批。将以上整个过程写成报告，这就是违法建设调查报告的起草工作。调查报告是行政处罚决定书的基础，在违法建设调查报告的起草中，应当包括右侧几方面的内容：	④ 对违法建设进行分析。违法建设对城乡规划有何影响，分析对城乡规划实施、工程建设、公用设施、市政管线、文物古迹、传统文化街区、公园、城市绿化、市容观瞻、城市环境、河湖管理、城市交通、消防安全、测量标志、群众正常生活等哪些方面有影响或严重妨碍，并分析违法情节，然后做出违法建设对城乡规划影响程度的判断。
	⑤ 对违法建设有关责任单位和责任人报送书面报告或检查书，做出责任单位或责任人对违法建设认识的评价，并将这些报告书、检查书附于调查报告之后。
	⑥ 提出对违法建设实施处罚的依据，适用法律、法规和规章的章、条、款、项、目的条文内容，并提出处罚的具体意见。

行政处罚决定书要求 **表 9-1-8**

编号	内　　容
①	行政处罚决定书的标题
②	行政处罚决定书的编号
③	受罚单位的名称或者个人姓名，单位法定代表人姓名、职务
④	受罚单位的详细地址和违法建设的详细地址
⑤	违法建设（违法施工、违法设计）事实和对城乡规划的影响
⑥	违法建设违反规划法律、法规、规章的具体条款
⑦	行政处罚决定依据的法律、法规、规章名称和具体条款
⑧	行政处罚的具体罚种；如处以罚款的，应明确说明到指定银行在规定时间内缴纳罚款，逾期不缴纳的追加处罚款；如需拆除的，应明确说明拆除的限期
⑨	告知受罚单位或者个人受行政处罚后，有申请行政复议和向人民法院提起行政诉讼的权利

续表

编号	内　　容
⑩	告知受罚单位或个人，如不享有权利、也不执行决定，城乡规划行政主管部门有申请人民法院强制执行的权利
⑪	做出具体行政行为的行政机关署名，并加盖行政机关公章
⑫	做出处罚决定的日期（应为行政机关批准行政处罚决定书的日期）

行政处罚决定书

（1998年） x 规罚字第____号

周xx：

你(单位)未经城乡规划行政主管部门批准，擅自于1997年10月x日，在xx桥西南角进行违法建设的行为，违反了《xx市城市规划条例》的规定。现根据《xx市城市规划条例》第四十三条规定，本行政机关责令你(单位)于1998年8月27日前将违法建设，面积163.04m^2，无条件拆除，恢复原地貌，并处以罚款16300元。自接到处罚决定书之日起，以现金方式就近到银行缴纳罚款。

如不服本决定书，可于接到本决定书之日起15日内向上一级规划行政主管部门或xx区人民政府申请复议，也可直接向xx区人民法院起诉。当事人逾期不申请复议，也不向人民法院起诉，又不履行决定书责令的，由规划或有关部门代为拆除或由规划部门依法申请人民法院强制执行。

（行政机关印章）
1998年8月12日

图 9-1-1　行政处罚界定书示例

第二节　教材实例及真题解析

关于这部分的实例，教材有九个，列举了各种具体情况，考生在复习时可采取以题带点的方式进行复习，结合实例场景，强化对知识点的记忆，提高复习效率。

实例 1. 某市有一引资宾馆工程，投资方坚持要占用该市总体规划确定的中心地区内的一块规划绿地，有关领导迁就投资方要求。市城乡规划行政主管部门曾提出过不同意见，建议另行选址，但未被采纳，也未坚持。之后，投资方依据设计方案擅自开工，市城乡规划行政主管部门未予以制止。省城乡规划行政主管部门在监督检查中发现此事，立即责成市城乡规划行政主管部门依法查处。

试问：该工程为什么受到查处？省、市城乡规划行政主管部门该如何处理这件事?

【评析】

该工程受查处的原因包括两点：首先违反了该市总体规划，侵占绿线，属于严重违反城市规划的行为；其次，没有办理建设用地规划许可证、建设工程规划许可证就擅自开工，属违法建设。

对该工程的处理包括三点：

① 责令该工程立即停止建设，责成违法建设单位做出检讨并限期拆除。

② 市城乡规划行政主管部门另行选址，依法办理各项审批手续。

③ 省城乡规划行政主管部门，可依法建议该市政府追究有关责任人和城乡规划行政主管部门的行政责任。

实例 2. 某市一单位建设一座办公楼，经该市城乡规划行政主管部门审核批准，并办妥了一切开工手续，按规定向城乡规划行政主管部门规划监督检查部门做了登记，经验线无误。当工程的基础部分出了地面，规划监督检查部门再次去核验地面标高±0.000 时，发现该建设工程已向北移位 3.5m。

【评析】

这个实例说明，对建设工程仅验线是不够的，该建设单位为使办公楼前面的庭院宽敞些，验线以后又重新放了线，有意北移，造成遮挡北侧的居民住宅，导致产生矛盾。像这类问题如增加验槽，就可以减少矛盾。由于城市用地极为紧张，建筑之间的间距常常计算到厘米，甚至在施工开槽中发生 10～20cm 误差，也会造成不必要的麻烦。

对于这类建设工程，规划行政主管部门首先应责令停工，然后对造成遮挡问题做出妥善处置并经处罚后，才能继续建设；如果遮挡问题解决不了，只能按规划审批要求，重新放线、开槽，经验收合格后才能建设。

实例 3. 某单位建设一栋 18 层写字楼，经城乡规划行政主管部门批准，验线、验槽和核验地面标高±0.000 均无问题，但在中期阶段监督检查时发现该工程将原来的设备层增加了高度，至后期监督检查时又发现增加了 4 层，达 22 层。再次深入检查，又发现原来地下

2 层增加到了 3 层，将设备层改在了地下。

【评析】

像这类问题的发生，一般来说建设单位都是故意而为的，在设计基础时已与设计单位有了预谋，然后强调地质情况不好，加深了地下部分。既已挖深了，就地下多建了一层，遂将设备层移至地下室。这些都是建设单位的托词，建设单位还自作聪明，认为不会有人去核实楼层数，以为加层问题不会被发现。对这类建设单位除责令其妥善处理由此而引起的与群众不和谐关系外，应按有关规定对其违法行为给予行政处罚，并建议其主管部门对有关责任领导和人员给予行政处分。

实例 4. **某市一新开发的居住区，其规划方案和建设工程的设计均经城乡规划行政主管部门批准，居民住宅也按批准的图纸进行建设，几次监督检查均未发现问题。由于该区占地面积较大，住宅部分随建随住，住宅建完也就住满了。当进行竣工规划验收时发现该开发区的配套设施除群众日常生活必需的有所配建外，门诊所、中小学、体育设施、集中绿地等均未配齐。**

【评析】

在开发区尤其是住宅区建设中，这类问题较为普遍。开发公司为了使资金尽快流转，采取随建随住的办法也是可以理解的，但不能因此就延缓或取消配套设施的建设，因而违反了经过批准的规划，给群众生活带来极大不便。为此，有些城市采取审批若干栋住宅楼后督促开发公司配建配套设施，否则不予继续审批其余住宅的做法，不失为一种控制手段。

此类事件的发生，当然属于监督检查者的“失职”行为，建议其主管部门对有关责任领导和人员给予行政处分。

实例 5. **某市近郊区的某村，采用招商引资的方法改造旧村、调整地块，先占用该村耕地 1.5hm²，然后还耕 2.5hm²。拟建住房 20000m²，建成后投资单位与该村按比例分成，双方签订了合同。合同规定，该村负责办理用地、建房的各项审批手续。该村经村民委员会研究同意了该合同，又报乡政府批准。该工程刚一开工就受到了城乡规划行政主管部门规划监督检查部门的查处，责令立即停工，听候处理。但该村认为，在自有土地上进行建设为什么受到查处?**

【评析】

分析该工程的建设，其所以受到查处的原因有四点：

① 按照《城乡规划法》第六十四条规定，该工程建设没有取得建设用地规划许可证，属于违法用地。

② 农村耕地属于集体所有的土地，将其改变为建设用地，必须由建设单位根据计划部门批准的立项进行征用土地，成为国有土地后，由城乡规划行政主管部门核发建设用地规划许可证后方可进行建设。

③ 该村虽已经还耕，但占用耕地应按《土地管理法》有关规定报请城市人民政府审批，乡政府无权审批。

④ 在城市规划区内进行的一切建设活动，必须经城乡规划行政主管部门审批，未经

审批就是违法建设。

处理办法：根据该工程刚开工，城乡规划行政主管部门应会同土地管理部门责令恢复原有的地形、地貌，并由违法建设单位赔偿所造成的损失。

这个实例主要说明改变土地使用性质，由耕地变为建设用地，由集体所有土地改变为国有土地，必须经过相关部门的批准。如果由耕地变为其他农业用地，如养鸡场、养猪场等，这属于农业的产业结构调整，不由城乡规划行政主管部门管理，而应由农业部门、土地管理部门去管理。

实例 6. 某单位在该市城北区有一栋距道路红线 5m，且平行于道路走向的 6 层单身宿舍楼。由于情况变化和经济发展，经单位领导研究决定，并报请有关主管部门同意，拟将该单身宿舍楼改建为对外营业的旅馆使用。为安排旅馆接待大厅的需要，该单位向城北区城乡规划行政主管部门报送了一份新建一层接待大厅的申请。经城北区城乡规划行政主管部门研究，同意该单位的申请方案，并核发了建设工程规划许可证。

该工程在施工期间，市城乡规划行政主管部门的两名执法人员在现场监督检查时发现，该工程正在进行二层的结构施工。经执法人员进一步核查发现，由城北区规划行政主管部门审批的接待大厅建设位置实际已侵入了道路红线 3m，并占压了两条现状地下管线。为此，两名执法人员当即找到了该单位法人和工程施工负责人，在核查事实后，填发了停工通知书，责令该工程立即停工，听候处理。

试问：该工程被责令停工的原因是什么？市城乡规划行政主管部门应如何处理本案？

【评析】

该工程被责令停工的原因是：①擅自增建二层结构，已构成违法建设；②侵占道路红线并占压了地下管线。

市城乡规划行政主管部门处理该案包括四点：

① 立即拆除擅自增建的二层结构和侵入道路用地并占压地下管线的这部分违规建筑。

② 对违法建设单位依法罚款。

③ 建议追究该工程主要负责人的违法责任。

④ 追究城北区城乡规划行政主管部门违规审批责任，并负责赔偿因违规审批造成的这部分经济损失。

实例 7. 某市有一开发公司在规划区内经城乡规划行政主管部门批准，并依法办理了各种审批手续，在 20hm² 的用地上进行商品房开发建设。在开发、预售过程中，发现由于配套设施和娱乐设施不够完善，房屋预售不够理想。开发公司遂与邻近的农村商议，将其村子和耕地（村和耕地均为规划乡村企业用地）共 6hm² 用地纳入开发，经与当地乡政府谈妥，开发公司为村民建设搬迁用房，并付给补偿费 1000 万元。签订协议后，开发公司立即进行平整土地，准备为村民建设搬迁住房。但是，开发公司的行为被城乡规划行政主管部门发现，受到查处。

【评析】

开发公司在开发过程中发现配套设施不足、娱乐设施不全，再扩建一部分用房应该通过正常渠道，申请补充立项、办理用地和建设工程的审批手续，是可以得到合理解决的。事先与村、乡协商征用土地的可能性也是可以的。但开发公司在事先商议后，不办理任何审批手续就开工建设，想以原先办过审批的工程与未办理的部分混同起来，这是不允许的。

这个例子中的 6hm^{2}用地，必须先把集体所有的土地经过征用变为国有土地才能开发，开发公司想利用原来建设工程规划许可证代替未经审批的工程建设，这就形成了违法建设，是受到城乡规划行政主管部门查处的根本原因。在后续工作中，这个工程没有允许其扩建，罚款后将其占用的土地进行绿化，改善周边环境。

至于配套设施和娱乐设施不够完善的问题，政府有关部门应与该开发公司进一步协商妥善解决。

实例 8. **某市距市区中心约 10km 的南郊有一座古刹，群山环抱，古木参天，风景优美，环境幽静，现列为国家级重点文物保护单位，并将古刹围墙外 200m 划为保护区，规定不许进行任何建设。在古刹修建中，修建队认为仅以古刹开展旅游，景区没有充分利用，故说服古刹的管理单位，以每年 150 万元的租金，在离古刹围墙外 100m 处投资建设 8 栋别墅式度假村，修建队利用修葺之机，砍伐树木，组织施工。开工不久，被该市城乡规划行政主管部门规划监督检查发现，责令其立即停工。**

【评析】

这个工程没有报请城乡规划行政主管部门批准，根本没有领取建设工程规划许可证，纯属违法建设。同时该工程建在市重点文物保护单位保护区内，违反文物保护法，又砍伐树木，破坏环境，严重影响城市规划。性质严重，情节恶劣。

市城乡规划行政主管部门根据《城乡规划法》《文物保护法》《行政处罚法》和该市的有关规定，并与文物保护部门等共同协商，责令其立即拆除违法建设，恢复地貌，并依法对修建队和古刹管理处处以罚款。同时建议上级主管部门没收古刹管理处所收租金，上交国库，追究有关责任人的行政责任，并给予行政处分。该市园林绿化部门还责令古刹管理处和修建队补种树木。

在这个例子中，对这样的违法建设处理势必涉及城市中的若干管理部门，必须同时协调动作，运用各自的职责对违法行为做出处理。

实例 9. **某市一单位在市中心区有一片多层住宅楼。其中有两栋（每栋各 6 个单元门）住宅楼是临城市干路的。经市城乡规划行政主管部门批准，占用了上述两栋住宅楼之间的空地（两栋楼山墙间距为 16m），建设一栋两层轻体结构的临时建筑，使用期为两年。在建设期间，市规划监督检查科的两名执法人员到现场监督检查时发现：建设单位擅自加建了第三层，且结构部分已完成。为此，依法立案查处。随后，经科务会议紧急研究决定：对该违法建设处以数十万元罚款，并决定加建的第三层与临时建筑到期时一并拆除。同时，要求该单位在十五日内到市城乡规划行政主管部门缴纳罚款。违法建设行政处罚决定书加盖监督检查科公章后，立即送达违法建设单位。**

试就上述审批临建工程和处理违法建设的行政行为，评析哪些是不符合现行有关规定的。

【评析】

① 兴建临时建筑占用了临近两楼之间的空地，不符合消防规定，规划管理部门违反

规定审批临建工程，属违法行政行为。

② 规划监督检查科不是行政主体。行政处罚决定书须由市城乡规划行政主管部门盖章才能生效，所以违法建设行政处罚决定书由监督检查科盖章是不符合规定的。

③ 本案罚款数十万元，属较大数额罚款，未告知被处罚单位是否要听证，就做出决定是不符合规定的。

④ 违法建设的罚款，处罚单位不能直接收缴，罚款与收缴罚款需分离。所以该罚款直接交规划行政主管部门是不符合规定的。

⑤ 审批的临建工程和加建的违法建筑堵塞消防通道，保留使用两年是不符合规定的，应该立即拆除。拆除被批准的临时建筑，审批者应予赔偿。

2008-07. 试题七（共 15 分）

某公司拟在城市规划区内建设一座面积为 10000m² 的综合楼。该项目经过市规划行政主管部门批准，取得了建设工程规划许可证。该公司委托一家甲级设计单位进行施工图设计，对原报批方案的总平面布局做了调整，增加了建筑面积 3000m²。该设计单位负责人几次向该公司催要相关部门的批准文件，却一直未得到。在该公司的再三催促下，该设计单位完成了施工设计。两年后工程竣工，在工程竣工验收时，被城市规划行政主管部门认定为违法建设。

【问题】该项目为何被认定为违法建设？请结合案情提出处理意见。

【答案】

1. 认定为违法建设的主要理由：

① 未经批准，擅自调整总平面图（规划条件、增加建筑面积）属于未按照建筑工程规划许可证的规定进行建设的违法建设行为；

② 按照项目批准文件进行施工图设计，属违法设计行为。

2. 处理意见：

① 按照《建设工程勘察设计管理条例》的规定，应该对设计单位进行行政处罚；

② 规划部门应依《中华人民共和国城乡规划法》对建设单位进行行政处罚；

③ 如确需改变规划许可内容，应依据《中华人民共和国城乡规划法》重新报规划部门批准。

【解析】本题相关法规及其条文如下：

1.《城市国有土地使用权出让转让规划管理办法》第七条：规划设计条件及附图，出让方和受让方不得擅自变更。在出让、转让过程中确需变更的，必须经城市规划行政主管部门批准。

2.《中华人民共和国城乡规划法》第五十条：在选址意见书、建设用地规划许可证、建设工程规划许可证或者乡村建设规划许可证发放后，因依法修改城乡规划给被许可人合法权益造成损失的，应当依法给予补偿。

经依法审定的修建性详细规划、建设工程设计方案的总平面图不得随意修改；确需修改的，城乡规划主管部门应当采取听证会等形式，听取利害关系人的意见；因修改给利害关系人合法权益造成损失的，应当依法给予补偿。

3.《建设工程勘察设计管理条例》第四十条：违反本条例规定，勘察、设计单位未依据项目批准文件，城乡规划及专业规划，国家规定的建设工程勘察、设计深度要求编制建设工程勘察、设计文件的，责令限期改正；逾期不改正的，处 10 万元以上 30 万元以下的罚款；造成工程质量事故或者环境污染和生态破坏的，责令停业整顿，降低资质等级；情节严重的，吊销资质证书；造成损失的，依法承担赔偿责任。

2009-05. 试题五（共 15 分）

为了加快经济发展，加大招商引资力度，我国东部地区某大城市规划区内的某乡组织编制了该乡的工业开发区控制性详细规划。规划方案如图 9-2-1 所示。该工业区位于该乡东部，距市区 13km，交通便利、基础情况较好，现状为耕地，属该乡的基本农田。总用地 287hm²。控制性详细规划编制完成后，该乡政府即组织前期基础设施的开工建设。请结合图示及文字，指出不妥之处。

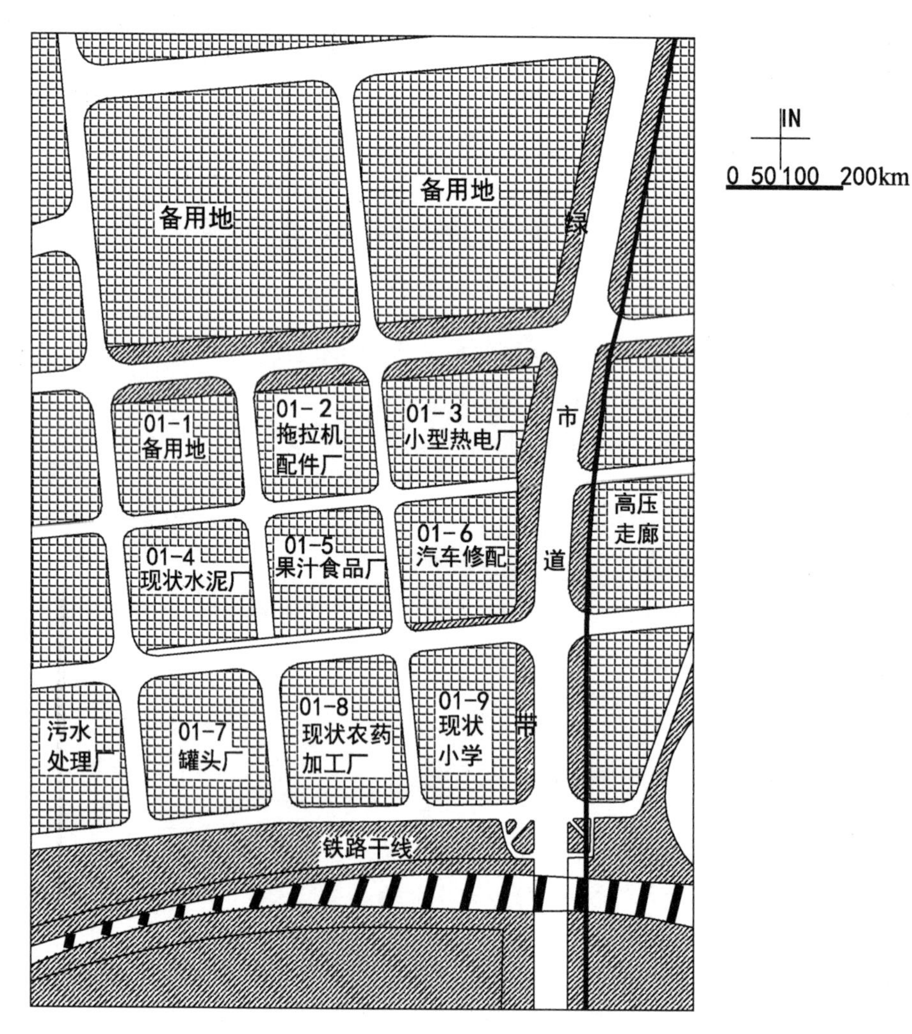

图 9-2-1　某乡工业开发区控制性详细规划图

【答案】

1. 占用基本农田违反了《中华人民共和国土地管理法》，即各类建设活动应严禁占用基本农田。

2. 拟引进的项目地块面积大小相近，可能会与实际情况不符，应本着合理布局、节约用地、集约发展的原则，结合规划实施逐步确定。

3. 果汁食品厂、罐头厂对环境要求较高，与水泥厂、农药加工厂距离过近，不同环境要求的工业项目位置安排不合理。

4. 集体土地未经征用为国有土地、且未按照建设管理程序办理有关手续就开工建设属于违法建设。

【解析】 本题相关法规及其条文如下：

1.《中华人民共和国土地管理法》

第三十六条：非农业建设必须节约使用土地，可以利用荒地的，不得占用耕地；可以利用劣地的，不得占用好地。禁止占用耕地建窑、建坟或者擅自在耕地上建房、挖砂、采石、采矿、取土等。禁止占用基本农田发展林果业和挖塘养鱼。

2.《中华人民共和国城乡规划法》

第四十一条：在乡、村庄规划区内进行乡镇企业、乡村公共设施和公益事业建设以及农村村民住宅建设，不得占用农用地；确需占用农用地的，应当依照《中华人民共和国土地管理法》有关规定办理农用地转用审批手续后，由城市、县人民政府城乡规划主管部门核发乡村建设规划许可证。建设单位或者个人在取得乡村建设规划许可证后，方可办理用地审批手续。

2009-07. 试题七（共15分）

某建设单位在自有用地范围内建设一栋综合办公楼，建筑面积约5000m^2，在申报并取得建设用地规划许可证后，为了按期完成建设任务，该单位在未拿到建设工程规划许可证时就急于开工建设，在建设项目即将竣工时被规划行政主管部门查处。

【问题】试问，该单位的建设行为是否违法？为什么？规划行政管理部门应如何处理？

【答案】

1. 开发商的行为违法，根据《中华人民共和国城乡规划法》，未取得建设工程许可证进行建设的属于违法建设。

2. 处理措施如下：

① 规划行政主管部门责令停止建设；

② 尚可采取改正措施消除对规划实施的影响的，限期改正，处建设工程造价5%以上10%以下的罚款；

③ 无法采取改正措施消除影响的，限期拆除；

④ 不能拆除的，没收实物或者违法收入，可以并处建设工程造价10%以下的罚款。

【解析】 本题相关法规及其条文如下：

《中华人民共和国城乡规划法》第六十四条：未取得建设工程规划许可证或者未按照

建设工程规划许可证的规定进行建设的，由县级以上地方人民政府城乡规划主管部门责令停止建设；尚可采取改正措施消除对规划实施的影响的，限期改正，处建设工程造价百分之五以上百分之十以下的罚款；无法采取改正措施消除影前的，限期拆除，不能拆除的，没收实物或者违法收入，可以并处建设工程造价百分之十以下的罚款。

2010-07. **试题七（违建界定与查处，15分）**

某市一行政单位为解决职工住宅，擅自在本单位行政用地范围（不临街）建设2栋多层住宅。在主体工程要封顶时，规划行政主管部门接到举报，立即派执法人员到现场调查，发现该单位在建住宅工程没有办理任何手续。

试问：该单位是否违反了相关法规？请指出所存在的具体法规问题，并指出在什么条件下该住宅才可免于拆除。

【答案】

1. 违反了《中华人民共和国城乡规划法》；

2. 具体法规问题：按照《中华人民共和国城乡规划法》，在未取得建设用地规划许可和建设工程规划许可的情况下进行建设，属违法建设；

3. 免于拆除条件：

首先，未违反控制性详细规划，或者按照建设情况控制性详细规划有修改的必要性，并且修改的控制性详细规划通过审批；

其次，行政单位重新补办相关手续，包括建设用地规划许可证和建设工程规划许可证；

或者，城乡规划主管部门直接没收住宅。

【解析】本题相关法规及其条文如下：

《中华人民共和国城乡规划法》

第六十四条：未取得建设工程规划许可证或者未按照建设工程规划许可证的规定进行建设的，由县级以上地方人民政府城乡规划主管部门责令停止建设；尚可采取改正措施消除对规划实施的影响的，限期改正，处建设工程造价百分之五以上百分之十以下的罚款；无法采取改正措施消除影前的，限期拆除，不能拆除的，没收实物或者违法收入，可以并处建设工程造价百分之十以下的罚款。

2011-07. **试题七：（15分）**

某市规划局在对一宗违法建设案进行处理时，认定该项目可采取改正措施消除对规划实施的影响，发出如下《违法建设行政处罚决定书》：

规决（2010）第700号

违法建设行政处罚决定书

违法建设单位：某市经济发展有限公司
地址：东大街与南大街交汇处西北角
责任人：张某某

经查，你单位位于东大街与南大街交汇处西北角的办公楼项目未办理《建设用地规划许可证》，于2009年期间擅自施工，总建筑面积7707平方米，现已完工，上述行为违反了《中华人民共和国行政许可法》第四十条、第六十四条有关规定，构成违法建设行为。

我局根据《中华人民共和国行政处罚法》第六十四条的有关规定对你单位处以罚款，罚款金额按建设工程造价700元／平方米、建筑面积7707平方米、总造价的20%计算，即罚款人民币1078980元。

……

如不服本处罚决定，可在接到本处罚决定书之日起60日内，向市人民政府或省建设行政主管部门投诉，或在接到本处罚决定书之日起30日内向人民法院起诉……

（盖章）
二0一0年十一月十一日

试指出该《决定书》中存在的主要问题。

【答案】

1. 违法原因是未办理《建设工程规划许可证》；

2. 罚款数额太大，需要预先通知相对人是否听证；

3. 未写明交罚款地址；

4. 根据的是《中华人民共和国城乡规划法》；

5. 罚款的比例不对，应为5%～10%；

6. 应该向人民政府和上一级主管部门提起行政复议，不是上诉；

7. 向法院提起诉讼的时间不对，应为行政复议结束15日之内，或者是行政复议期满15日内；

8. 应及时消除对规划实施的影响；

9. 逾期不履行本处罚决定，本机关将依法申请人民法院强制执行。

【解析】本题相关法规及其条文如下：

《中华人民共和国行政处罚法》

第三十九条：行政机关依照本法第三十八条的规定给予行政处罚，应当制作行政处罚决定书。行政处罚决定书应当载明下列事项：（一）当事人的姓名或者名称、地址；（二）违反法律、法规或者规章的事实和证据；（三）行政处罚的种类和依据；（四）行政处罚的履行方式和期限；（五）不服行政处罚决定，申请行政复议或者提起行政诉讼的途径和期限；（六）作出行政处罚决定的行政机关名称和作出决定的日期。行政处罚决定书必须盖有作出行政处罚决定的行政机关的印章。

《中华人民共和国行政复议法》

第九条：公民、法人或者其他组织认为具体行政行为侵犯其合法权益的，可以自知道该具体行政行为之日起六十日内提出行政复议申请；但是法律规定的申请期限超过六十日的除外。因不可抗力或者其他正当理由耽误法定申请期限的，申请期限自障碍消除之日起继续计算。

第十九条：法律、法规规定应当先向行政复议机关申请行政复议、对行政复议决定不服再向人民法院提起行政诉讼的，行政复议机关决定不予受理或者受理后超过行政复议期限不作答复的，公民、法人或者其他组织可以自收到不予受理决定书之日起或者行政复议期满之日起十五日内，依法向人民法院提起行政诉讼。

2012-07. 试题七（共 15 分）

经批准，某公司在城市中心区与新区之间的绿化隔离地区内建设植物栽培基地，总占地 100 亩。该公司种植了一些乔木和灌木后，以管理看护为名，擅自建设了几十栋经营用房。

【问题】试指出该公司的具体违法行为，规划行政主管部门对此应如何处理？

【答案】

1. 该公司违反了《中华人民共和国城乡规划法》《城市绿线管理办法》，其具体的违法行为包括：

① 违反了城市总体规划，改变了城市用地性质；

② 侵占城市绿线进行违法建设；

③ 未取得建设用地规划许可证进行违法建设；

④ 未取得建设工程规划许可证进行违法建设。

2. 规划行政主管部门应给予如下处理：

① 责令该公司停止违法建设并立案调查；

② 拆除违法建筑，恢复隔离绿地；

③ 可以并处建设工程造价百分之十以下的罚款。

【解析】本题相关法规及其条文如下：

《中华人民共和国城乡规划法》

第三十五条：城乡规划确定的铁路、公路、港口、机场、道路、绿地、输配电设施及输电线路走廊、通信设施、广播电视设施、管道设施、河道、水库、水源地、自然保护区、防汛通道、消防通道、核电站、垃圾填埋场及焚烧厂、污水处理厂和公共服务设施的用地以及其他需要依法保护的用地，禁止擅自改变用途。

第六十四条：未取得建设工程规划许可证或者未按照建设工程规划许可证的规定进行建设的，由县级以上地方人民政府城乡规划主管部门责令停止建设；尚可采取改正措施消除对规划实施的影响的，限期改正，处建设工程造价百分之五以上百分之十以下的罚款；无法采取改正措施消除影响的，限期拆除，不能拆除的，没收实物或者违法收入，可以并处建设工程造价百分之十以下的罚款。

2013-07. 试题七（共 15 分）

某建设单位计划建设一处厂房，于 2010 年 2 月向规划局申请办理了《建设用地规划许可证》，于 4 月开工建设，7 月底竣工验收，并于 8 月初请规划局进行验收。8 月初收到规划局寄来的《行政处罚决定书》，后建设单位不服，9 月初向规划局提请行政复议，规划局不予处理。

试问：双方在程序上和内容上存在什么问题？并说明原因，规划局能否撤销或者收回

《行政处罚决定书》？

【答案】

一、建设单位和规划局双方在程序和内容上存在的问题有：

1. 建设单位方面：

① 建设单位未申请办理建设工程规划许可证，属于违法建设；

② 应先请规划局进行验收，之后再组织竣工验收。未经核实或者经核实不符合规划条件的，建设单位不得组织竣工验收；

③ 申请行政复议的机关不符合规定，对做出具体行政行为部门（规划局）不服的，应向做出该具体行政行为部门的本级人民政府（市政府）或上一级主管部门（住建厅）申请复议。

2. 规划局方面

① 对符合条件但不属于本部门受理复议的申请，应在决定不受理的同时，告知申请人向有关行政复议机关提出申请，规划局不予处理程序不对；

②《行政处罚决定书》应按规定送达到违法建设单位或个人并签字。规划寄送《行政处罚决定书》不符合程序。

3. 行政处罚决定书应按下列步骤实施：

① 立案：一经发现，及时立案；

② 调查取证：有两位执法人员共同进行，调研取证；

③ 做出处罚决定：依据调查取证结果，做出处罚决定；

④ 送达：行政处罚决定书给予送达，签字确认；

⑤ 执行或申请法院强制执行。

二、规划局可以做出撤销或收回《行政处罚决定书》

规划局在做出《行政处罚决定书》的程序要素不合法，可以给予撤销或收回，但应该向行政处罚相对人出具撤销或收回行政处罚决定书。

【解析】本题相关法规及其条文如下：

《中华人民共和国城乡规划法》

第四十五条：县级以上地方人民政府城乡规划主管部门按照国务院规定对建设工程是否符合规划条件予以核实。未经核实或者经核实不符合规划条件的，建设单位不得组织竣工验收。建设单位应当在竣工验收后六个月内向城乡规划主管部门报送有关竣工验收资料。

2014-07. 试题七（15 分）

某国家历史文化名城市政府决定进行棚户区改造，棚改区西临历史文化保护街区，北侧与已经建成入住的 6 层楼居住小区相邻（如图 9-2-2 所示）。市城乡规划部门依法确定了规划建设四栋商住楼的规划条件，某建设单位通过土地招拍挂取得了棚改区的土地使用权，并进行了开发建设。市城乡规划部门在竣工时发现，四栋楼都突破了市城乡规划主管部门批准的方案，存在层高增加 50cm 的现象，致使每栋楼增高了 3m。

试问：该建设单位违反了哪些法规和规定？对该建设单位和这四栋楼应如何依法提出处理方案？

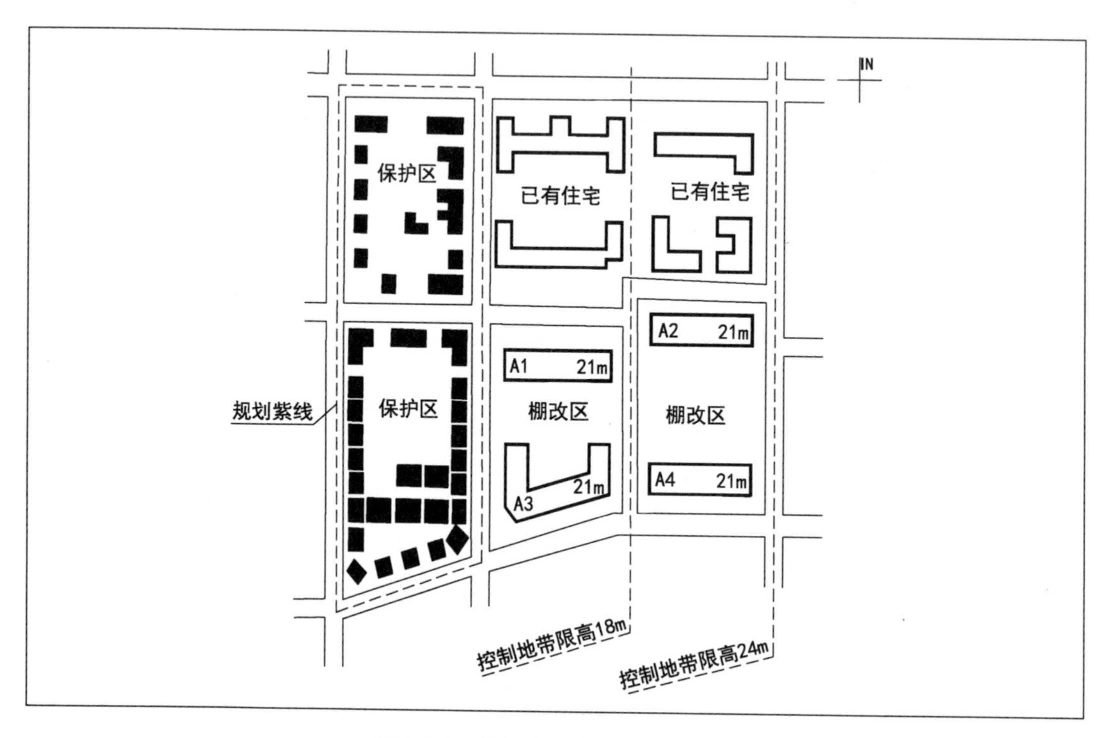

图 9-2-2 某棚户区改造规划示意图

【答案】

1. 违反的相关法规和规定：

该建设单位未按照建设工程许可证的规定进行建设，私自增加建筑高度，对已有住宅日照及历史文化街区保护要求均造成影响，违反了《中华人民共和国城乡规划法》《中华人民共和国物权法》《历史文化名城名镇名村保护条例》《中华人民共和国文物保护法》《城市紫线管理办法》等法律法规的相关规定，构成违法建设。

2. 依法处理该案的方案：

① 对建设单位：依法拆除 A1、A3 栋建筑超高的部分，将建筑高度降至 18m 以下，处建筑工程造价 5%以上 10%以下的罚款。

② A1、A3 栋建筑超高部分如不能整改，没收实物或违法收入，可以并处建设工程造价 10%以下的罚款。

③ A2 建筑高度符合控制地带限高要求，但可能对北侧的住宅日照造成影响，影响业主权益，要征求利害关系人的意见，对尚能采取改正措施消除影响的，限期改正，不能改正的，限期拆除。

④ A4 建筑高度符合控制地带限高要求，但未按《建筑工程规划许可证建设》限期改正，不能改正的没收实物。

【解析】本题处理方案依据《中华人民共和国城乡规划法》第六十四条：未取得建设工程规划许可证或未按照建设工程许可证的规定进行建设的，由县级地方人民政府城乡规划主管部门责令停止建设，尚可采取改正措施消除对规划实施的影响的，限期改正，处建设工程造价百分之五以上百分之十以下的罚款，无法采取改正措施消除影响的，限期拆除，不能拆除的，没收实物或违法收入，可以并处建设工程造价百分之十以下的罚款。

2017-07. 试题七

某县一设计单位在向有关部门申请办理丙级城乡规划编制单位资质期间，与该县政府所在地的镇人民政府洽谈签订了编制控规的合同，不久向县人民政府城乡规划主管部门提交了该镇控规方案。

试问：上述情况是否违法，说明理由，应如何处理？

【答案】

1. 设计单位违法：

① 该设计单位尚在办理资质，未办理完成前视为无资质，不能承担规划编制业务。

② 县政府所在地镇的控规需具有乙级以上资质的设计单位来编制，而该设计单位办理的为丙级资质，即使办理完资质也属于超越资质编制该规划。

2. 镇人民政府违法：

① 该县政府所在地的镇人民政府洽谈签订了编制控规的合同，违反了《中华人民共和国城乡规划法》第二十条的规定，即镇人民政府不具备编制县城关镇控规的资格。

② 城乡规划组织编制机关委托不具有相应资质等级的单位编制城乡规划。

3. 处理意见：

① 对于城乡规划编制单位，由所在地城市、县人民政府城乡规划主管部门责令限期改正，处合同约定的规划编制费 1 倍以上 2 倍以下的罚款；情节严重的，责令停业整顿，由原发证机关降低资质等级或者吊销资质证书；造成损失的，依法承担赔偿责任；

② 对于镇政府负责人及直接责任人，由上级人民政府责令改正，通报批评；对有关人民政府负责人和其他直接责任人员依法给予处分。

③ 应由县人民政府城乡规划主管部门编制控规。

【解析】本题相关法规及其条文如下：

《中华人民共和国城乡规划法》

第二十条：镇人民政府根据镇总体规划的要求，组织编制镇的控制性详细规划，报上一级人民政府审批。县人民政府所在地镇的控制性详细规划，由县人民政府城乡规划主管部门根据镇总体规划的要求组织编制，经县人民政府批准后，报本级人民代表大会常务委员会和上一级人民政府备案。

第五十九条：城乡规划组织编制机关委托不具有相应资质等级的单位编制城乡规划的，由上级人民政府责令改正，通报批评；对有关人民政府负责人和其他直接责任人员依法给予处分。

第六十二条：城乡规划编制单位有下列行为之一的，由所在地城市、县人民政府城乡规划主管部门责令限期改正，处合同约定的规划编制费一倍以上二倍以下的罚款；情节严重的，责令停业整顿，由原发证机关降低资质等级或者吊销资质证书；造成损失的，依法承担赔偿责任：（一）超越资质等级许可的范围承揽城乡规划编制工作的；（二）违反国家有关标准编制城乡规划的。未依法取得资质证书承揽城乡规划编制工作的，由县级以上地方人民政府城乡规划主管部门责令停止违法行为，依照前款规定处以罚款；造成损失的，依法承担赔偿责任。以欺骗手段取得资质证书承揽城乡规划编制工作的，由原发证机关吊销资质证书，依照本条第一款规定处以罚款；造成损失的，依法承担赔偿责任。

《城乡规划编制单位资质管理规定》

第十一条：甲级城乡规划编制单位承担城乡规划编制业务的范围不受限制。

第十二条：乙级城乡规划编制单位可以在全国承担下列业务：

（一）镇、20万现状人口以下城市总体规划的编制；

（二）镇、登记注册所在地城市和100万现状人口以下城市相关专项规划的编制；

（三）详细规划的编制；

（四）乡、村庄规划的编制；

（五）建设工程项目规划选址的可行性研究。

第十三条：丙级城乡规划编制单位可以在全国承担下列业务：

（一）镇总体规划（县人民政府所在地镇除外）的编制；

（二）镇、登记注册所在地城市和20万现状人口以下城市的相关专项规划及控制性详细规划的编制；

（三）修建性详细规划的编制；

（四）乡、村庄规划的编制；

（五）中、小型建设工程项目规划选址的可行性研究。